乡村电气化建设
培训教材

国网浙江省电力有限公司　组编

中国电力出版社
CHINA ELECTRIC POWER PRESS

内 容 提 要

本书以浙江省安吉县新时代乡村电气化建设项目为例，介绍了乡村电气化建设中农业生产、乡村产业、农村生活及乡村供电服务四个方面的工作。全书共六章：第一章介绍农村电力发展历程，乡村电气化建设背景与意义、建设原则、建设现状与成效；第二章介绍智慧用能数字化系统的建设，设备感知关键技术、架构设计、电网侧及客户侧应用；第三～六章是全书重点，通过现状分析、建设内容、示范案例等介绍农业生产、乡村产业、农村生活智慧用能，以及乡村供电服务。

本书可供从事乡村电气化工作的读者阅读、使用。

图书在版编目（CIP）数据

乡村电气化建设培训教材 / 国网浙江省电力有限公司组编 . — 北京：中国电力出版社，2022.9
ISBN 978-7-5198-6947-2

Ⅰ . ①乡… Ⅱ . ①国… Ⅲ . ①农业电气化—技术培训—教材 Ⅳ . ① S24

中国版本图书馆 CIP 数据核字（2022）第 134473 号

出版发行：中国电力出版社
地　　址：北京市东城区北京站西街 19 号（邮政编码 100005）
网　　址：http：//www.cepp.sgcc.com.cn
责任编辑：穆智勇（010-63412336）
责任校对：黄　蓓　于　维
装帧设计：赵丽媛
责任印制：石　雷

印　　刷：三河市万龙印装有限公司
版　　次：2022 年 9 月第一版
印　　次：2022 年 9 月北京第一次印刷
开　　本：787 毫米 ×1092 毫米　16 开本
印　　张：8.75
字　　数：183 千字
定　　价：48.00 元

编委会

编写组

前言

2018年1月，随着《中共中央国务院关于实施乡村振兴战略的意见》1号文件的发布，我国开始全面实施乡村振兴战略。作为关系国家能源安全和国民经济命脉的特大型国有骨干企业，支持乡村振兴战略实施是新发展阶段党和国家赋予国家电网公司的重要使命。2019年，国家电网公司印发《关于服务乡村振兴战略大力推动乡村电气化的意见》，全面实施乡村电气化提升工程。

作为服务乡村振兴战略的重要实践，国网浙江省电力有限公司选择“绿水青山就是金山银山”理论发源地——浙江省安吉县作为新时代乡村电气化建设项目示范地，着重在乡村电网建设、智慧用能建设、数智供电服务平台建设方面进行了积极有益的探索，项目建成效显著。一是提升电气化水平，为农业生产提质增效助力；二是实施电气化改造，为乡村产业兴旺发展赋能；三是创新电气化方式，为农村生活现代便捷保驾；四是构建数智化平台，为乡村振兴高效发展服务。

本书重点围绕农业生产、乡村产业、农村生活以及乡村供电服务四个方面的工作，通过对现状分析、建设内容、示范案例等的介绍，充分总结提炼示范项目可复制、可推广的经验、模式和成果，希望对从事乡村电气化工作的读者有所帮助和启发，在今后的乡村电气化建设工作中取得更大成绩。

本书在编写过程中得到了国网浙江省电力有限公司、国网浙江培训中心、国网湖州供电公司、国网安吉供电公司等专家的大力支持与指导，在此谨向参与本书审稿、业务指导的各位领导、专家和有关单位致以诚挚的感谢！

由于编写时间和编者水平所限，书中不足之处在所难免，敬请各位读者批评指正。

编　者

2022年8月

目 录

第一章 概述

第一节 农村电力发展历程

一、中国农村电力发展历程

新中国成立以来，中国农村电力的发展经历了由小到大、由慢到快、由落后到先进、由城乡分割逐步走向城乡一体发展的过程，可大致分为奠定基础、步入正轨、快速发展、飞跃发展、从城乡分割转向统筹和乡村振兴六个阶段。

（一）第一阶段（1949～1978年）：奠定基础

新中国成立初期，农村电力主要是利用农村当地能源，农民自办小型水电站，主要用于照明、农业灌溉和农副产品的简单加工（例如谷类磨坊）。这一时期，农村电力由地方管理，分散经营，还没有成立统一管理的部门。

1958年，农业部召开全国农村水电会议，提出要在一个省先抓（试点）5个县和100个公社的农村初步电气化建设设想，以点带面，不断发展。

1960年，中国共产党八届八中全会提出了“以农业为基础，以工业为主导”的国民经济发展方针，兴建电力排灌站，解决农业用电，便成为发展农业、提高粮棉产量的一项重要措施。河南省郑州市长葛县农村电气化的高潮中，农民用铁皮制造发电机，安装在木制的水轮机上发出了电力，由此电灯照明逐渐用于小工业作坊和农田抽水灌溉。这一小型的农村水力发电机组的诞生，给当时农村用电尚是一片空白的平原地区带来了光明和希望，这也是中国农村自力更生走农村电气化道路的开端。

1963年，中央批准当时的水利电力部设立农村电气化局，电网供电开始由大城市郊区延伸到商品粮基地。农村供电以商品粮棉基地为重点，以排灌用电为中心，以电网供电为主力，电网和农村小型电站（主要是小型水电站）发展并举。

20世纪60年代末，全国有一半以上的县达到通电标准（供电装备容量在1000kW以上）。在70年代初，全国已有一半以上的乡通电，到70年代中期，已有一半以上的行政村用上电。

1978年，全国农村用电量达到了510亿kWh，占全国总用电量的40%。

（二）第二阶段（1979～1987年）：步入正轨

党的十一届三中全会以后，中国走向以经济建设为中心的发展轨道，农村电气化建设工作日益重要，发展农村电力的重点在系统地实行农村电气化。

1982年，随着“自建、自管、自用”和“以电养电”等政策的实施，全国农村电气化建设有序推进。

1983 年，国务院批准建立 100 个农村电气化县，并且由中央财政提供每年 1 亿元的支持。这一阶段城镇和村级成立了电管站，农村电气化由县扩展到城镇和乡村。

1987 年底，农村地区人均年用电量达到了 30kWh，农村用电量占全国总用电量的 31%。

（三）第三阶段（1988 ~ 1997 年）：快速发展

此阶段逐渐开放和地方分权的能源政策允许地方投资进入逐渐形成的发电市场，使得农村地区电气化加速发展。国有电力部门实施了实现农村电气化措施，开始是县城周边的城镇，然后向边远地区扩展。县政府和其他投资商开始建立自己的发电和配电设施来供应电给当地用户。

1991 年，国务院批准建设第二批 200 个农村水电初级电气化县，决定每年安排 2 亿元财政投入，在资金上保证了农村水电初级电气化建设的需要。

1994 年，国家提出“八七扶贫攻坚计划”（用 7 年时间解决 8000 万贫困的人口脱贫问题）。按照国务院的整体部署，电力工业部提出了“电力扶贫共富工程”，其目标是用 7 年时间消灭 28 个无电县，使全国 95% 上的农户用上电，在农村经济较发达的地区，努力提高用电水平，更好地满足农村经济发展的要求。工程实施一年多，就有 24 个省（市、自治区）实现了行政村“村村通电”，解决了近 6000 万农民的用电问题，山东省率先在全国实现户户通电。

1996 年，全国有 14 个省（自治区、直辖市）实现了村村通电、户户通电。

1997 年末，农村家庭通电的地区达到了 95.9%，农村用电量占全国总用电量的比例上升到 33%。与此同时，农村电力管理体制逐步得到加强和完善，全国形成了以国家、大区（如华北地区、华东地区）、省、市、县、乡为主体框架的六级管理体系。

1997 年底，全国建成农村电气化县 832 个，取得了显赫的成果。但是农村电价高、农民负担重的问题也逐渐凸显，严重制约了“三农”（农村、农业和农民）发展，引起党中央、国务院的高度重视。由此，“两改一同价”的序幕正式拉开。

1998 年 6 月前，全国约有 2400 个县供电企业，其中，760 个企业由中央电力部门直接管理和直接供应电力；1040 个企业由地方所有，由省级电力公司采取趸售方式供电；其余 600 个企业是地方自建、自管、自供、以小水电为主的供电企业。这一阶段的农村电气化投资建设以地方建设为主，政策目标重点是解决无电户用电问题和农村电力供应。

（四）第四阶段（1998 ~ 2002 年）：飞跃发展

1998 年 5 月，国务院决定加大六项基础设施（农林水利、交通通信、城市基础设施、城乡电网建设与改造、中央直属储备粮库、经济适用住房）建设的投入，农村电网建设和改造项目是其中之一。

1998 年 10 月，国务院颁发《国务院办公厅转发国家计委关于改造农村电网改革农村电力管理体制实现城乡同网同价请示的通知》（国办发〔1998〕134号），提出“改革农村电力管理体制，改造农村电网，实现城乡同网同价”。国务院同意两大电网公司（国家电网公司和南方电网公司）负责组织实施其供电区内的电气化县建设，到1998年底，在大电网供电地区建成了500个电气化县。

1998年8月～2002年，农村电网进行了两期改造，成为这一时期农村电气化工作的核心和重点。自此，中国农村电网建设资金的主要来源彻底改变了依靠地方投资的状况，国家政策的扶持和电网企业的贷款成为主要渠道，这基本解决了长期困扰农村电网发展资金不足的难题，标志着农村电力发展模式的重大战略转变。

（五）第五阶段（2003～2017年）：从城乡分割转向统筹

2003年，为了改善县城电网运行条件，增强县城电网供电能力和可靠性，更好地满足县城地区用电增长的需要，国家发展改革委下达了县城电网建设与改造项目固定资产投资计划。县城电网改造是继一、二期农村电网改造后实施的又一次大规模电网建设与改造。

2004年底，为解决中西部地区农村电网改造面覆盖不足的问题，国家开始启动西部农村电网完善工程，2006年扩大到中部地区。

2006年，国家电网公司召开“新农村、新电力、新服务”工作会议，提出积极实施新农村电气化建设“百千万”工程，即“十一五”期间，在国家电网公司经营区域内建成100个新农村电气化县、1000个新农村电气化乡（镇）、10000个新农村电气化村。

2006～2009年，在“三新”（新农村、新电力、新服务）农电发展战略指导下，国家电网公司以新农村电气化为依托，加快推进农村电网建设改造，以农网发展规划为指导，加强农网建设。累计建成新农村电气化县314个，新农村电气化乡镇4095个，新农村电气化村74304个。

2010年，中央一号文件中提出“要抓紧实施新一轮农村电网改造升级工程，提升农村电网供电可靠性和供电能力”，国家将安排120亿元资本金用于农村电网改造，按资本金占20%的比例计算，全年农村电网改造投资将近600亿元。

2015年12月23日，青海果洛藏族自治州班玛县果芒村和玉树藏族自治州曲麻莱县长江村合闸通电，全国最后9614户3.98万无电人口用电问题得到解决。至此，“全民用电”记录到了中国电力发展的史册上。

2016年启动新一轮农村电网改造升级工程，2017年9月25日提前3个月完成。国家电网公司累计投资1423.6亿元，完成了经营区内153.5万平原地区农田机井通电，实现了平原地区“井井通电”目标；实现了6.6万个小城镇（中心村）电网改造升级全覆盖；完成了7.8万个自然村新通动力电及改造，实现村村通动力电目标，受益人口达1.56亿。通过这些工程的实施，国家电网公司经营区域内农村地区供电能力和服务水平明显提升，新改造村镇户均配变容量提高到2.64kVA，供电能力提升65%，农网供电可靠率和综合电压合格率分别达到99.808%、99.677%。

（六）第六阶段（2017 年至今）：乡村振兴

2018 年，全面启动“三区三州”深度贫困地区电网建设和中西部地区电网提升工作，助力脱贫攻坚和乡村振兴战略规划的落地，促进了农村地区经济社会的全面发展。

2019 年，中党中央、国务院明确提出全面实施乡村电气化提升工程，加快完成新一轮农村电网改造，并要求推进田水林路电综合配套，夯实农业基础。

2020 年，国家电网公司发布了《乡村电气化惠民富农项目实施方案》，并结合实际确定了 2020 年项目计划，全面服务乡村用能需求，以电气化托起小康梦。

2021 年，国家电网公司圆满完成农网巩固提升任务，农村地区供电可靠率达 99.8562%，呼应着 2010 年中央一号文件提出的加大农村电网建设力度，全面巩固提升农村电力保障水平。

2022 年，促进乡村清洁能源发展被列为国家电网公司巩固拓展脱贫攻坚成果助力乡村振兴得工作要点。

随着国家对生态文明和环境保护愈加重视，农村电力在加快推进生态文明制度建设、乡村振兴和全面建成小康社会中的作用也日益突出。

二、浙江农村电力发展历程

1949 年新中国成立以后，在党和政府的关怀和支持下，浙江农村用电在杭嘉湖平原最先得到普及。当地政府和乡村集体组织投资建设电力灌溉事业（见图 1–1），使农村电力线路发展较快。

图 1–1　农电灌溉

1966 年，时任浙江省水利电力厅电业管理局局长石青指出：“国务院确定浙江是农业省，电力是先行官，确保农业丰收是电力部门的头等大事……务必进一步加强农村电网发展和管理。”此后，专管农村电网的力量得以加强，促使农村电网发展更加迅速。

1989 年，嘉兴市桐乡县建成全国第一个新农村电气化县。桐乡县农田电力排灌机埠如

图 1–2 所示。

图 1–2　桐乡县农田电力排灌机埠

1994 年底，浙江实现乡乡通电。

1996 年 11 月 13 日，浙江全省实现村村通电。

1999 年 6 月，110kV 大电网与海岛舟山联网。至此，全省地（市）级供电单位的 110kV 联网率达 100%，全省 78 个县（市）级供电单位的通电率达 100%，1788 个乡（镇）供电单位的通电率达 100%。

2000 年，浙江省农村电网建设与改造工程正式启动，图 1–3 所示为杭州电网一期农网改造工程施工现场。

图 1–3　杭州电网一期农网改造工程施工现场

2003 年 6 月，“千村示范、万村整治”工程在浙江全省拉开帷幕。

2005 年 8 月 15 日，时任浙江省委书记习近平同志来到湖州市安吉县余村（见图 1–4）考察，首次提出了“绿水青山就是金山银山”的科学论断。

图 1–4　湖州市安吉县余村

2006 年 11 月 2 日，浙江温州洞头区大瞿岛通电，浙江省“户户通电”工程全面竣工，图 1–5 所示为工程竣工仪式。

图 1–5　2006 年 11 月 2 日，浙江省农村“户户通电”工程竣工仪式在温州市洞头县大瞿岛举行

2010 年，嘉兴成为全国第一个新农村电气化市。

2014 年 8 月，浙江省 1204 个乡镇全部建成新农村电气化乡镇，全省实现“镇镇电气化”。2015 年 12 月 8 日，李岙村成为浙江全省第一个“光伏村”。

2021 年，国网浙江电力发布新时代乡村电气化三年行动计划，计划于 2022 年完成 1500 个新时代电气化村建设，到 2023 年，助力农业生产、乡村产业、农村生活现代化取得突出成果，完成 2500 个新时代乡村电气化村的建设工作。

第二节　乡村电气化建设背景与意义

乡村电气化是指通过改造升级乡村配电网，提高乡村供电服务水平和用电保障能力，促进能源需求向电力转化，提高电能在终端能源消费中的比例。主要工作内容包括农业生产、乡村产业、农村生活电气化和乡村供电服务水平。

一、乡村电气化建设背景

党的十九大报告中首次提出实施乡村振兴战略，这是继我国社会主义新农村建设之后提出的又一个解决“三农”问题的重大战略决策，是“三农”工作的总抓手，也是我国构建现代化经济体系的战略任务。乡村振兴战略的提出，对我国实现全面建成小康社会、基本实现现代化、全面建成社会主义现代化强国及实现中华民族伟大复兴中国梦具有举足轻重的意义。实施乡村振兴战略这一重大战略决策是全面建成小康社会、全面建设社会主义现代化国家的重大历史任务，是对我国“三农”工作的历史继承和创新发展。

2018 年 1 月，中共中央、国务院发布一号文件——《中共中央国务院关于实施乡村振兴战略的意见》，提出乡村振兴战略的目标任务：到 2020 年，乡村振兴取得重要进展，制度框架和政策体系基本形成；到 2035 年，乡村振兴取得决定性进展，农业农村现代化基本实现；到 2050 年，乡村全面振兴，农业强、农村美、农民富全面实现。2019 年 1 月，《中共中央国务院关于坚持农业农村优先发展做好“三农”工作的若干意见》针对做好“三农”工作，明确提出了“全面实施乡村电气化提升工程，加快完成新一轮农村电网改造”工作意见，在打赢脱贫攻坚战和全面建成小康社会的重要历史交汇期，乡村电气化被赋予助力乡村振兴的新时代使命。

国家电网公司围绕国家乡村振兴战略规划的重大工程、重大计划、重大行动，自 2019 年起全面实施乡村电气化提升工程，利用 2019 ~ 2022 年 4 年时间，全面实施乡村电气化提升工程。通过改造升级农村电网、提高农村供电服务水平、推广电能替代技术、推动特色用能项目建设、推介新型用电产品等各种方式，着力增强农村用电保障能力，提升农业生产、乡村产业、农村生活电气化水平，积极助力农业更强、农村更美、农民更富，在服务国家乡村振兴的伟大事业中展现国家电网新作为、做出新贡献。对于全面实施乡村电气化提升工程，国家电网公司确立了因地制宜、突出特色、注重效果和政企合作四项原则，设置了筑牢乡村振兴电气化基础、推动农业生产电气化、推动乡村产业电气化、推动农村生活电气化、强化乡村电气化服务保障 5 项重点任务，细化了建设坚固耐用、灵活友好、智能互动现代化农网，服务农牧渔业升级，助力乡村旅游业发展，推动乡村电采暖，强化乡镇供电所服务支撑能力等 13 项具体举措。到 2022 年，国家电网公司将全面落实公司乡村电网发展规划，农村电网基础设施持续改善，农村供电服务水平进一步提高，农村、农业各领域电气化水平大幅提升，在农产品种植、加工、乡村旅游等方面建成一批电气化试点示范工程，促进乡村能源生产和消费方式发生显著变革，为实现乡村振兴不断注入新动能，助力农业生产、乡村产业、农村生活现代化取得积极成果。乡村振兴，电力先行。2020 年，国家电网公司研究出台了《乡村电气化惠民富农项目实施方案》，并结合实际确定了 2020 年项目计划，全面服务乡村用能需求，以电气化托起小康梦，以坚强电力保障为乡村振兴注入源源动力，在服务国家乡村振兴伟大事业中展现国家电网新作为、做出新贡献。

2021年3月30日，国网浙江省电力有限公司（简称国网浙江电力）发布了《新时代乡村电气化三年行动计划（2021 ~ 2023）》，全面贯彻落实中央“三农”工作部署，巩固扶贫成果与乡村振兴有效衔接，继续推进电气化惠农富民项目建设，配合浙江省“美丽乡村”全力推进乡村电气化村建设，打造一批新时代乡村电气化精品示范工程。通过三年行动计划的实施，国网浙江电力将与政府合力推动构建以电为中心的乡村能源体系，持续改善农村电网基础，推进多元融合的高弹性电网建设，不断提升供电服务能力，助力农村人居环境质量提升，在农业产业兴旺、农村生态宜居、农户生活富裕上发挥电力先行官的作用，在服务乡村振兴的伟大事业中展现国网浙江电力新作为、做出新贡献。

根据行动计划，2021年是建章立制、试点建设阶段。国网浙江电力将联合政府相关部门制定出台新时代乡村电气化村建设标准要求，以行政村为基础单位，试点建成600个生态宜居、产业兴旺、融合发展等各具特色的新时代乡村电气化村。2022年是逐步完善、提质夯实阶段。国网浙江电力将进一步完善新时代乡村电气化村建设标准，提高建设质量，夯实农村供电公共服务基础，基本实现“田间作业电气化、农户家庭电气化、农副加工全电化、乡村景区全电化”，完成1500个新时代电气化村的建设工作。2023年则是总结提升、大力推广阶段。国网浙江电力将全面落实“十四五”乡村电网规划，完成农网网架结构、装备水平等基础条件优化工作，农村、农业各领域自动化、电气化水平大幅提升。总结新时代乡村电气化建设经验，助力农业生产、乡村产业、农村生活现代化取得突出成果，完成2500个新时代乡村电气化村的建设工作。

二、乡村电气化建设意义

实施乡村电气化工程，是新时期中央对农村能源建设和电气化发展做出的统筹安排和战略性要求。国家电网公司落实党中央、国务院全面建成小康社会和实施乡村振兴战略的总体要求，将乡村电气化提升工程作为建设具有中国特色国际领先的能源互联网企业的35项举措之一，并作为脱贫攻坚与乡村振兴衔接的重要抓手。“十三五”期间，国家电网公司在山东寿光、浙江安吉、湖北潜江三个县开展了乡村电气化试点项目建设工作，并取得了丰硕成果。

伴随着我国社会主义新农村建设和国家乡村振兴战略的深入实施，乡村电气化被赋予更为丰富的时代内涵。一是乡村区域内将会有更多绿色、清洁的能源转化为电力，乡村居民生产生活终端能源消费中电力消费比重将逐步提升；二是构建城乡统筹、安全可靠、经济高效、技术先进、环境友好、与小康社会相适应的现代县域配电网，确保“小康电”送到“最后一公里”；三是与城乡协调发展相适应，将移动互联、云计算、物联网、大数据等新技术广泛应用于乡村电力生产、传输、消费等各个环节，促进县域经济高质量发展。

乡村电气化有力推动了我国乡村经济的迅速发展和乡村居民生活水平的明显提升，在提高城乡基本公共服务均等化水平、助力打赢脱贫攻坚战、促进农村经济社会发展中发挥了重要作用。“十四五”是开启全面建设社会主义现代化国家新征程的第一个五年，推进新时期乡村电气化提升工程，需要始终围绕服务农业农村工作大局，以服务乡村振兴为目标，统筹体系、政策、模式、技术等各项要素，以问题为导向，不断提高乡村电气化的质量和效果。

第三节　乡村电气化建设原则

国网浙江电力通过深入研究全县乡村第一、二、三产业的特点，抓住安吉县积极争创国家级县域“两山”转化综合改革试验区的有利契机，积极开展政企合作，推动政府全面实施乡村振兴（美丽乡村提升）三年行动计划，深入推广农业产业领域电能替代，加快发展乡村电气化，推进农业供给侧改革，发展农村新产业新业态，积极打造全国乡村振兴先导区，深入分析安吉乡村资源禀赋、生态产业发展布局和能源消费特点，建成状态全面感知、信息高效处理、应用便捷灵活的乡村电力物联网技术框架体系；立足乡村发展综合优势，高水平建成“电气化广泛应用、信息互联互通、客户高效用能”的乡村电气化和电力物联网“双示范工程”；探索乡村能源消费、供给、技术和体制“四个革命”特色实践，持续提升广大农户智慧用能体验，推动农业生产、乡村产业、农村生活智慧用能水平，形成“建设规范、技术先进、政策完备”的乡村电气化与电力物联网相融合的可推广、可复制的经验和商业模式，高质量推进新时代乡村电气化和电力物联网建设。

在进行乡村电气化建设中，主要遵循坚持目标导向、政企联动、创新示范三大原则。

一、坚持目标导向原则

始终坚持“两山”理念、“生态＋电力”发展思路，有效衔接乡村振兴战略规划，充分应用电力物联网的先进技术，提高规划的可操作性，以农村电网高质量发展为主攻方向，以农村智慧用能发展为主要目标，推动农村从“有电用”向“用好电”转变，农村供电服务由主要满足量的需求向更加注重质的需求转变；按照多能互补、综合利用的原则，发挥电网的能源枢纽作用，建设安全可靠、适应性强的现代农村电网。

二、坚持政企联动原则

始终坚持政府主导，动员和整合各方力量和资源，引导全社会共同参与乡村电气化建设，构建乡村电气化生态圈。积极争取政策、资金支持，推动政府始终把电气化发展规划纳入乡村振兴整体规划，把电气化水平纳入美丽乡村考核标准体系，把保障电气化发展纳入乡镇村考评体系，营造政企合作、社会参与乡村电气化建设的良好氛围。

（1）政府主导，凝聚共建合力。推动乡村电气化建设纳入美丽乡村规划和地方年度重点工作，联合政府成立乡村电气化建设专班，建立定期会商机制，协同推进电气化项目建设。建立健全新时代乡村电气化村评价标准，推动纳入政府综合考评体系。联合地方金融机构出台“三农”电气化建设的低息、贴息贷款、保险等产品，降低投入成本压力，为电气化项目持续推进提供保障。

（2）电力主动，加快项目实施。积极开展农村客户大走访活动，了解客户用能现状，快速响应用电需求。建立新时代乡村电气化项目库，统筹安排、梯次推进。联合上下游企业，做强地方电能替代特色品牌，加强电气化成果推广。开展综合效益分析，降低客户成本。聚集多方资源，构建新时代乡村电气化产业联盟，实现多方共赢。

（3）建强农网，支撑用能需求。根据乡村振兴总体要求，结合乡村经济发展特点，适度超前建设农村电网，推进自动化应用，强化智能化运维水平，夯实服务“三农”工作基础。主动对接乡村重大工程建设，实现农村水利、公路、通信等基础设施建设用电便捷接入。推进垃圾治理、污水处理等电气化改造，改善农村人居环境。

具体做法如下：

（1）根据《安吉县推进工业企业小锅炉清洁能源升级替代工作实施方案》，安吉县供电公司是电能替代工作开展的主推单位，利用自身资源优势，联系政府、企业、媒体和设备厂家等利益相关方，促成政府相关部门出台政策文件，为电能替代工作提供依据；制定电能替代优惠措施，充分发挥电网企业资源优势，做好优质服务工作；发掘电能替代潜力用户，做好沟通宣传，尽力促成项目实施。实施方案如下：

1）鼓励先行，实行差别化政策。

2）强化监管，采取多渠道联动。

3）创新方式，运用多手段调控。

（2）根据《安吉县电力专业安全生产委员会关于加强弱电单位施工区域电力设施保护的通知》（安电专办〔2019〕1号）和《安吉县安全生产委员会关于印发安吉县电力专业安全生产委员会组织结构设置及工作规则与组成人员名单的通知》（安委会〔2018〕4号），依据电力行业安全生产工作需要，结合安吉县实际，由政府相关部门和电网企业成立安吉县电力专业安全生产委员会。在安吉县安全生产委员会领导下，研究部署指导协调全县电力安全生产工作，研究提出全县电力安全生产工作的重大政策措施，研究解决电力安全生产工作中的重大问题，为电网企业电力安全生产工作提供保障。

（3）根据《关于新建住宅小区和公共建筑等充电基础设施规划设计指导意见》，明确新建住宅小区和公共建筑等充电基础设施比例要求，针对规划设计、电力设计、施工图设计提出了指导意见，和对建设主体及监理单位、充电桩施工单位的消防的建设要求，保障充电基础设施建设工作有序开展。

（4）根据《浙江省优化营商环境用电报装便利化行动方案》，政府相关部门促成电网企业用电报装便利化，切实提高电力接入效率和服务水平，推动电网企业用电报装指标走在全国前列，为用户提供优质服务。具体做法如下：

1）进一步精简用电报装环节、降低企业用电报装成本。

2）外线工程实行联合审批。

3）外线工程行政审批可实行容缺受理制和承诺备案制。

4）拓展延伸穿（跨）越重大管（线、路）工程的电力接入审批服务。

电力企业创新开展政企联动模式，政府出台乡村振兴、乡村电气化指导性政策，电力企业落实实施，发挥政府与用户之前的纽带作用，进而推动乡村振兴快速发展。

三、坚持创新示范原则

坚持创新商业运营模式及技术应用，落实《数字乡村发展战略纲要》，深入研究乡村客户侧电力物联网和智慧用能技术，加强金融合作与市场拓展，提升管理效率和投资收益。构建以电气化为核心的清洁高效的农村绿色能源供应体系和便捷服务体系，建设农业产业市场化服务典型示范项目，提高客户生产效率、降低社会用能成本、改善乡村生态环境。

（1）加快创新技术应用。依托省电力学会农电专委会等平台，加强与外部企业、科研院校合作，培育创新联合体，迭代升级电气化新技术、新产品。总结新时代乡村电气化建设经验，形成相关成果。开展农业电力大数据课题攻关，研究“乡村振兴电力指数”等数字产品，服务政府精准决策。加速智慧用能建设。着力推进光伏、风能、生物质等多能耦合应用，构建“智慧能源＋绿色生态”智慧用能体系。推动源网荷储协调发展，实现清洁能源智慧配置。依托智慧能源服务平台，建成一批智慧用能示范工程。探索信息共享新模式，推动乡村用能数据融入政府平台，助力乡村综合治理。

（2）推行立体服务模式。持续深化“网上国网”应用，丰富适应“三农”用电需求的线上服务应用场景，完善系统功能，为农村老人等困难群众办电提供便利。推广国网浙江电力“枫桥模式”，创新农村用电共建共治共享机制，把供电服务送到田间地头、农户心头。打造精品示范工程。在建设示范区的基础上，浙江各地将发挥资源禀赋，打造特色突出的新时代乡村电气化精品示范工程，实现多能高效协同、综合利用。在湖州安吉余村建设“生态＋电力”特色实践项目，试点开发多元融合高弹性电网服务平台，打造“电靓美丽乡村”综合看板，集中展示多元融合高弹性电网的新时代乡村电气化提升示范建设成效。

具体做法：创新智慧用能商业模式，对智慧用能项目建设涉及的农业生产、乡村产业、居民生活等领域，以政府主导、政企联动、社会参与、多方共赢为主导思想，构建政策、金融、服务三位一体的商业模式。

（3）促成政府奖励。推动政府在农业生产方面，对电气化、智能化程度高的农业种植、养殖用户落实资金奖励，降低农民投入成本；在农村产业方面，对农产品电加工，如电锅炉、电炒茶等，出台设备电能替代建设奖励；对规模化全电民宿、全电景区，进行评价评级，落实专项财政补助政策，降低企业主的建设成本；在乡村居民生活方面，落实家电下乡、以旧换新等政策措施，配套建设公共照明、公共充电设施，提升村民电气化水平、改善居住环境，促进绿色出行体验。

（4）联合金融支持。推出智慧用能项目建设的低息贷款，对农业生产、农村产业、乡村居民生活电气化建设涉及的电能替代、设备改造，提供彩虹贷、农林贷、白茶贷等多种金融贷款服务，有效促进乡村电气化智慧用能项目的快速发展。

（5）构建绿色联盟。围绕“电力物联网”层次架构，开展智慧物联网建设，着力提升全数据采集、处理、分析能力。深入挖掘乡村一二三产业链相关方核心诉求和优势资源，与政府、各行业协会、设备厂商建立常态化沟通机制和设备销售渠道，引入用户、金融机构、供应商等构建“绿聚能”产业联盟。

（6）创新智慧服务模式，着重优化“乡村振兴·电力先行”示范区的服务模式、团队创新、渠道创新及营业厅创新，构建“家门口”的智慧用能服务平台，拓宽“家门口”的综合能源服务渠道，打造基于电力物联网的新型智慧服务模式。

1）打造“家门口”的智慧用能服务平台。基于SCADA系统，构建“家门口”的智慧用能服务平台，以服务项目多元化、各类资源集成化以及线上线下一体化的服务方式集成各项能源业务，提供一站式“3+*N*”服务。一是传统业务与特色业务相结合。传统业务定制“免跑”清单做到全村统一，标准化规范服务，满足客户基本需求，特色项目因地制宜，由供电所员工依据辖区客户属性定制以电气化示范项目为主的“家门口”服务清单，主动推广，满足不同的服务需求。二是政府资源与社会资源相结合。在“家门口”服务中，发动社会力量、市场力量、专业力量共同参与，提供水、电、气等多种能源服务。三是线上线下的服务方式相结合。以“网上国网”为首要的办电推广渠道，结合线下电气化示范体验项目，推动客户向“线上办理、线下体验”的办电方式转型。

2）拓宽“家门口”的综合能源服务渠道。搭建“所、站、岗、点”的“家门口”服务快速通道，实现“简单业务不出村、能源服务在身边”。一是升级“家客厅”的乡村电气化新体验，结合新零售、营商环境、精准扶贫等要求，以客户视角将供电所打造成为“家客厅”，系统规划服务内容、服务活动、服务团队、服务联盟等，增强用户体验。二是升级“家门口”的能源驿站，将便民服务站全面升级为“家门口”服务渠道，围绕乡村、企业、村民三个维度，介绍能源服务项目、体验能源服务产品、了解能源服务效益。三是打造“家门口”的服务亭，在示范村设置电力服务亭，展示智慧能源设备，提供受理、宣传、推广等服务。四是创新“微电入驻”模式，进驻超市、便利店及公共便民点，通过设置“网上国网”体验服务、家门口服务宣传视频、能源共享便民服务的“3+1”组合，实现真正的“家服务”。

第四节　乡村电气化建设现状与成效

一、乡村电气化建设现状

“十三五”期间，国家电网公司经营区内农村电力事业取得了长足发展，电网服务农业生产的基础设施条件明显增强、服务农村发展能力明显提升，为服务农民生活质量改善发挥了重要作用。主要体现在以下四个方面：

（1）农村电网保障能力显著增强。2019 年底，国家电网公司完成新一轮农网改造升级任务，比“十三五”规划提前了一年；完成 209.1 万眼农田机井通电，实现平原地区全覆盖；完成 6.6 万个小城镇、中心村网改造升级和 7.8 万个自然村通动力电，受益农村人口 1.6 亿人，惠及农田 1.7 亿亩；户均配电变压器容量由 1.84kVA 提升到 2.76kVA；居民人均生活年用电量达到 610kWh，较“十二五”末增长 44%。

（2）农村供电服务体系不断完善。全面实施“全能型”乡镇供电所建设和完善提升“六个一”[1]工程，建立网格化供电服务模式，建成覆盖乡村全域的 15 万个供电服务网格和 6.7 万个供电服务小组，台区经理网格化服务实现 100% 全覆盖。开展星级乡镇供电所创建，有效促进了供电所基础管理和专业管理水平的提升，为服务乡村电气化事业提供了有力保障。

（3）农村供电服务质量持续提升。通过实施新一轮农网改造升级、低电压专项治理等工作，建立了保障供电质量的长效机制，基本消除了低电压现象，供电可靠率、综合电压合格率分别达到 99.82%、99.8%，与“十二五”末相比，户均停电时间缩短 7.5h。借助作业组织融合、营配业务融合，开展“互联网 + 营销服务”应用，故障处理时长缩短至 200min 以内，农网 110kV 及以下综合线损率从 4.8% 下降到 4.18%，客户满意率连续多年保持在 98% 以上。

（4）农村各领域电能利用水平不断提高。围绕服务美丽乡村建设、促进农业农村现代化，电能在农业生产、乡村产业、农村生活等领域得到广泛应用，促进了农村能源消费升级。“十三五”以来，实施乡村电能替代项目 4.5 万个，用电量 334 亿 kWh，减少散烧煤 1870 万 t，减排二氧化碳 3330 万 t；因地制宜推广电气化温室大棚 10.5 万个、农产品电烘干设备 3.01 万台套、电制茶设备 2.09 万台，建成 384 个全电景区（街区），助力乡村旅游业及特色产业发展。

二、乡村电气化建设成效

国家电网公司采取试点先行、积累经验、逐步推广的方式，2019 年率先在山东寿光、浙江安吉、湖北潜江三个县（市）开展乡村电气化试点项目建设，共组织推动实施了 41 个

[1] “六个一”工程指建立一套管控有力的安全保证与监督体系、建立一套营配融合的专业管理体系、建立一套适用乡村的服务规范体系、构建一个融合贯通的信息支撑平台、打造一支专业化的乡村供电服务团队、建立一个保障有力的资源配套机制。

电气化试点项目，取得了预期效果。以浙江安吉为例，安吉县域农业产业以粮食生产、竹木加工和乡村健康休闲产业为主，全县粮食生产面积 225.53km²，蔬菜播种面积为 70km²，茶叶种植面积 139.33 km²。作为中国首个生态县、首批生态文明建设试点地区，安吉县充分发挥美丽乡村资源禀赋，在全国率先开展了美丽乡村标准化建设。国网湖州供电公司积极支持安吉县乡村电气化发展战略，累计投资 9800 万元支持农业产业结构调整，全面实施全县 34 个配网网格规划，累计改造配网线路 2686 km、配电变压器 1900 余台，有力推动了安吉县农业产业现代化转型、农村生活电能替代及生态旅游产业发展。截至 2019 年底，安吉县在农业电气化方面设有现代农业园区 97 个，合计配电容量 382.9 MVA，电气化大棚改造面积约为 20km²，畜牧和水产电气化养殖 78 户、水产养殖规模达 34 km²。通过推动政府补贴支持乡村产业电气化改造，完成竹加工企业电气化改造 100 余户，建成白茶产业电气化集中加工示范基地 2 个，增设炒茶专用变压器 165 台，实现了电炒茶全覆盖。在农村生活电气化和生态产业发展方面，安吉县累计改造居民家庭电采暖 680 户，占居民用电量比例超过 20%，增幅连续多年居浙江省前列；积极推广电磁炉、电烤箱、电茶炉等新型厨房家用电器，推广全电厨房 1000 余家；推动空调进教室项目，完成 45 所学校 1808 台空调安装；打造了全国首个“智电民宿”样板，在民宿烹饪、照明、制冷、热水供应等方面实现以电能作为终端使用能源，并安装能效监测和智能家居操控设备，为用户提供安全、智能、高效的个性化用能服务，新增全电景区 5 个、全电民宿 80 个。随着我国节能减排和产业电能替代的大范围推广，安吉县全电化制茶流水线设备、竹木制品企业电锅炉等电气化需求逐步提升，全电乡村景区、全电民宿市场空间扩大，乡村产业电气化具备良好基础，农村生产生活逐步实现从“用上电”到“用好电”再到“智慧用电”的转变。

在推动安吉县农业产业电气化进程中，国网浙江电力结合安吉县域资源禀赋和生产生活需要，通过上线运行乡村智慧用能控制系统，持续创新服务模式、产品及技术应用，不断拓展乡村电能消费领域，持续提升供电服务便捷程度，促进提高客户生产效率、降低社会用能成本、改善乡村生态环境，在政策支持、技术升级、数智赋能、市场互动等多方面提升乡村电气化建设水平，为用户提供“省心电、省钱电、绿色电”，打造了新时代乡村电气化的“安吉模式”。

打造“省心电”。实现年户均停电时间缩减 1.93h，故障工单下降 30.3%，供电可靠性提升至 99.9772%，电压合格率达 99.98%；完成了智能剩余电流动作保护器安装全覆盖，农户家用漏电保护器安装率、投运率 100%，农村用电安全事件同比下降 80% 以上。大力推进“网上国网”App 应用，优化“用好电”互动体验，注册用户达到 8.6 万多户，线上交费率超过 95%，寄送电费发票 2.6 万份，减少客户跑趟 9.3 万次。电力业务全面入驻县级行政服务中心、15 个乡镇（街道）及 188 个村级便民服务中心等政府公共服务机构，各类办电业务全面嵌入“浙里办”政务网，实现办电不出村、“刷脸”办电、零证办理，客户平均等待时间下降 47.8%。通过全面实施“阳光业扩”压缩高压业扩环节至 4 个，平均接电时长缩减至 22.44 天；低压业扩环节压缩至 2 个，平均接电时长缩减至 2.87 天。

打造“省钱电”。实施县域企业节能改造，能效提升 20% 以上；全面接入光伏等新能源用户 4445 户，促进增收 3500 万元；促进蔬菜、养殖等传统农业电气化示范点生产效率提升 40%、节省劳动力 70% 以上，推动相关用户年增收 1500 万元。

打造“绿色电”。促进电能占终端能源消费比例提升至 38.5% 以上，实现十三五期间节约标准煤 838 万 t，减排二氧化碳 2178 万 t；企业用能数据接入绿色能源数据中心，服务政府“能源双控”“亩均论英雄”，助力数字化乡村建设。

第二章　智慧用能数字化

第一节　设备感知关键技术

一、整体架构

乡村智慧用能建设按照“云管边端”建设部署，本地监测传感设备包括电能表、水表、温 / 湿度传感器、光强传感器、烟感以及摄像头等；通过智能网关以及 NVR 实现设备接入和数据采集；数据上传云端主要通过 4G 无线网络或有线网络；视频数据根据摄像头设备厂家方案采用 NVR 上送或视频云对接方式实现。智慧用能总体架构如图 2-1 所示，其中的“云管边端”含义如下。

图 2-1　智慧用能总体架构图

云：在专网部署智慧用能控制系统，并基于此系统开展乡村电气化 PC 侧应用、智能 App 应用及监控大屏应用，为畜牧养殖基地提供能耗分析、用能监测、环境监测、安全监测、电价优化策略、设备状态监测、设备故障报修等应用。

管：智能网关通过 4G、公网有线网络远程上送数据给智慧用能控制系统。

边：现场智能设备主要采用 Zigbee（无线）、RS485（有线）两种方式与智能网关进行通信，协议使用 HTTPs 传输，无线传输采用 JSON 消息，有线通信方式支持的通信规约为 Modbus-RTU 及 DL/T 645—2007《多功能电能表通信协议》。

端：为用户安装用能感知设备、介入及非介入式能效智能监测设备，包括智能插座、智能开关、温 / 湿度传感器、环境量采集传感器等智能设备，将养殖基地接入电力物联网，实现智能设备实时感知。

二、典型设备清单

1. 智慧用能典型设备技术参数及功能特点（见表 2-1）

表 2-1　　智慧用能典型设备技术参数及功能特点

序号	设备名称	技术参数	功能描述	图片
1	能源控制器	1）本地通信：支持 LoRa、WiFi、PLC、RS485、RS232、DI/DO、AI/AO、USB2.0、RJ45 等通信方式；支持 MQTT、CoAP、HTTPs 协议，支持电力专用 IEC 101/104 规约、DL/T 645、DL/T 698《电能信息采集与管理系统》、Q/GDW1 37 6.1—2013《电力用户用电信息采集系统通信协议 第 1 部分：主站与采集终端通信协议》用电信息采集规约、Modbus 协议、CJ/T 188、Q/GDW 11709.2《电动汽车充电计费控制单元 第 2 部分：与充电桩通信协议》、Q/GDW 11709.3《电动汽车充电计费控制单元 第 3 部分：与车联网服务平台通信协议》等。 2）远程通信：支持 4G LTE（专网 / 公网）、GE/FE RJ45 通信方式；支持 DL/T 698.45《电能信息采集与管理系统 第 4-5 部分：通信协议——面向对象的数据交换协议》、Q/GDW 1376.3—2013《电力用户用电信息采集系统通信协议 第 3 部分：采集终端远程通信模块接口协议》等协议	提供数据采集、转换加密、边缘计算、远程运维等功能	
2	智能控制器	1）2 路以上 RS485+1 路 RS485 或 RS232。 2）1 路以上 DALI 通信总线接口。 3）1 路以上以太网接口	可实现逻辑组态，能完成时钟、逻辑、排程、网关等功能于一体	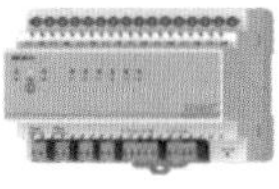

续表

序号	设备名称	技术参数	功能描述	图片
3	温/湿度传感器	1）温度测量范围：-10 ~ 123℃；测量精度：±0.4℃。 2）湿度测量范围：0 ~ 100%；测量精度：±3%	用于检测空气中的温、湿度	
4	8路磁保持继电器模块	1）8路16A磁保持继电器输出，输出可手动控制，输出状态指示灯显示。 2）8路开关量输入，可接入开关、报警、人体红外感应器等信号	8路智能继电器输出模块、带磁保持输出	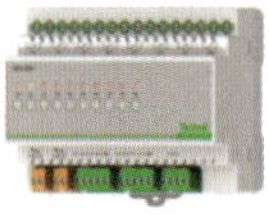
5	单相导轨远传电能表	1）显示：段码液晶显示。 2）外形尺寸：2模。 3）准确度等级：1级。 4）测量参数：有功电能计量及电压、电流、功率、功率因数、频率等电参量测量功能。 5）具有RS485通信接口，通信规约支持Modbus-RTU、DL/T 645—2007及DL/T 698.45。 6）工作温度范围：-25 ~ 55℃	直接精确地测量单相交流电网中有功电能，由步进式机械计数器显示总用电量	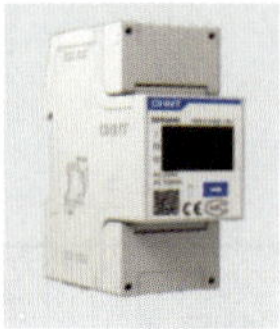
6	三相导轨远传电能表	1）显示：段码液晶显示。 2）外形尺寸：4模，三相四线制。 3）准确度等级：有功1级；无功2级。 4）测量参数：有功电能计量及电压、电流、功率、功率因数、频率等电参量测量功能。 5）具有RS485通信接口，通信规约支持Modbus-RTU、DL/T 645—2007及DL/T 698.45。 6）工作温度范围：-25 ~ 55℃	对三相交流电路电源输出的电能进行测试	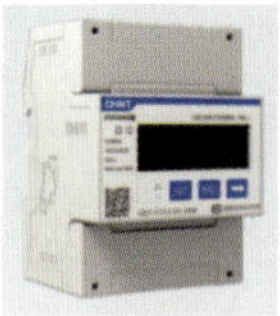
7	多功能协议网关	1）1路P-bus对接主控器，2路RS485接口，可与第三方设备对接。 2）网关地址可以设置。 3）网关支持bootload功能，方便技术调试直接配置定制网关每个通道的协议	通常在使用不同协议的网络区域间做协议转换	
8	协议转换器	使用环境-25 ~ 70℃，相对湿度5% ~ 95%。	实现ZigBee与RS485信号转换，采用ZigBee无线技术，可融合传统传感器或机械开关使用	
9	储能设备	储能能力：125 ~ 500kWh（根据实际需要调整）	白天在负荷低峰期存储电能	

2. 智慧用能数据交互需求（见表 2–2）

表 2–2　　智慧用能数据交互需求

序号	数据项分类	数据子项	采集频度
1	环境监测	温度	实时
2		湿度	实时
3		CO_2	实时
4		视频	实时
5	用能情况监测（总表、主要用能设备、主要用能区域）	电流	15min
6		电压	15min
7		功率（有功总、尖、峰、谷、无功）	15min
8		水表	天
9	设备运行状态监测	空调、水泵、灯等设备的开、关状态	15min（变化时上传）
10	变压器运行状态（配电房）	温度	15min
11		湿度	15min
12		电流	15min
13		电压	15min
14		有功功率（总、尖、峰、谷）	15min
15		无功功率	15min
16	储能设备信息	充电量	15min
17		充电负荷	15min
18		放电量	15min
19		放电负荷	15min

第二节　系统建设与架构设计

为更高效地处理用户侧数据，构建了集信息采集、能耗分析、节能管理、电网互动于一体的包括 Web 系统、移动 App 应用、大屏监测应用在内的智慧用能控制系统，完成农业生产、乡村产业、农村生活、乡村供电四大业务领域 11 个场景的智慧用能物联设备全接入，实现用能监测、电气化生产监测、光伏发电监测、能耗分析、异常诊断、用能优化等业务应用，提升广大农户智慧用能体验，推动乡村智慧用能水平；开发智慧用能大屏综合展示系统，集中展示乡村电气化与电力物联网建设推广成效；构建智慧用能大数据分析应用，为用户、电网公司、政府提供决策支持；完成 CPS 优化控制系统建设，推动电气化在乡村全方位渗透、全领域覆盖；开展智慧能源服务应用模块（一期）的建设，推进用能设备的接入、实时感知、智能计算、优化控制，实现客户侧智慧用能。

一、总体架构

乡村电气化智慧用能总体架构包括对表计、湿 / 温度传感器、光照度传感器、氨气浓度传感器、摄像头、烟感器、智能面板、灯光等数据通过智能网关进行采集，并基于原始采集数据，实现数据分析和统计；智能网关通过 4G、公网有线网络远程上送数据给智慧用能系统，以实现设备接入、数据采集、边缘计算、协同控制等功能；在专网部署智慧用能 Web 服务、智慧用能 App 应用及监控中心大屏展示，在内网部署供电服务指挥系统，以提供智慧用能系统的专属服务；同时智慧用能系统将数据推送至“网上国网”App 应用接口，以提供智慧用能普遍性服务。“网上国网”App 应用可以从内网的营销系统、用电信息采集系统获取相关数据。乡村电气化智慧用能系统总体架构如图 2–2 所示。

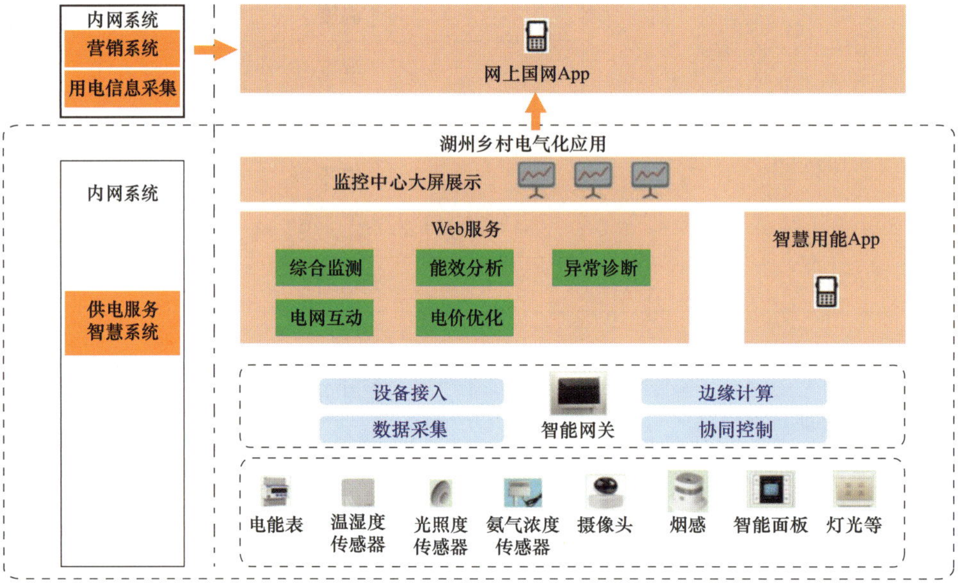

图 2–2　乡村电气化智慧用能系统总体架构

二、业务架构

乡村电气化智慧用能系统业务架构如图 2–3 所示，分为电力内网部分和电力外网部分。

（一）电力内网部分

电力内网部分主要进行供电服务保障，包括坚强智能电网和智慧抢修两个业务方向。

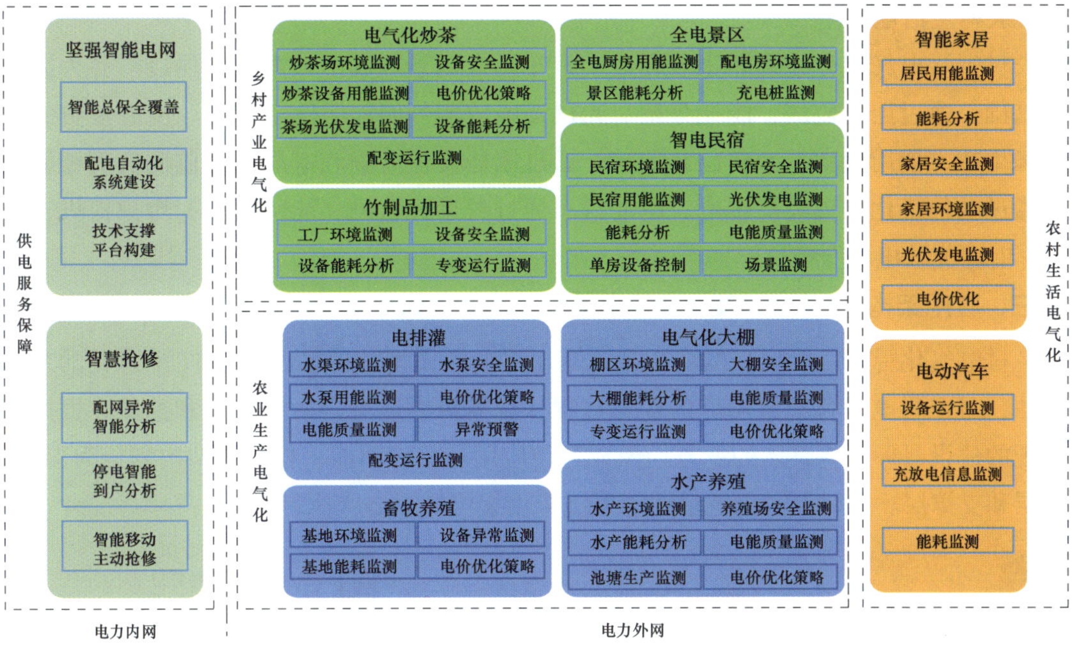

图 2-3　乡村电气化智慧用能系统业务架构

1. 坚强智能电网

通过智能总保全覆盖、配电自动化系统建设、集成高效的技术支撑平台构建来支撑坚强智能电网，为乡村全行业电气化建设提供网架支撑。

2. 智慧抢修

智慧抢修包括配网异常智能分析、停电智能到户分析、智能移动主动抢修三个业务，实现故障快速研判、故障准确定位和快速隔离，最大限度减少用户停电，提升供电可靠率。

（二）电力外网部分

电力外网部分包括乡村产业电气化、农业生产电气化和农村生活电气化三个业务方向。

1. 乡村产业电气化

乡村产业电气化通过对乡村各产业的配电设备、产业自动化设备、充电桩、光伏设备的运行数据进行采集监测，为用户提供环境监测、设备安全监测、用能监测、光伏发电监测、电能质量监测、能耗分析等服务，满足电气化炒茶、竹制品加工、全电景区、智电民宿等场景对用电设备安全运行、设备管理优化、电能质量优化等的诉求。

2. 农业生产电气化

农业生产电气化通过对生产环境、生产设备的数据进行采集监测，为用户提供环境监测、设备安全监测、电能质量监测、电价优化策略等服务，满足电排灌、电气化大棚、畜牧养殖、水产养殖等场景对节约能源、减少资源浪费、提高生产效率、减少人工成本等的诉求。

3. **农村生活电气化**

农村生活电气化分为智能家居和电动汽车两大场景。其中，智能家居以能源大数据分析为基础，通过用能监测、能耗分析、光伏发电监测判明能源消费习惯、能源浪费的原因和能源生产、使用效率低的部位及系统，通过家居安全监测和家居环境监测实现智能化生活，通过电价优化实现经济用电。电动汽车通过对运行监测、能耗监测为用户提供安全充放电、有序充放电等服务。

三、应用架构

乡村电气化智慧用能项目的应用架构基于对业务模型的理解，采用IT信息化的系统分析方法，对乡村电气化智慧用能的业务过程、业务目标进行全面的分析和抽象。根据项目拟实现的建设目标，将具体的业务抽象成各类应用及相应功能，将应用架构划分为渠道层、应用层和支撑层。乡村电气化智慧用能系统应用架构如图2-4所示。

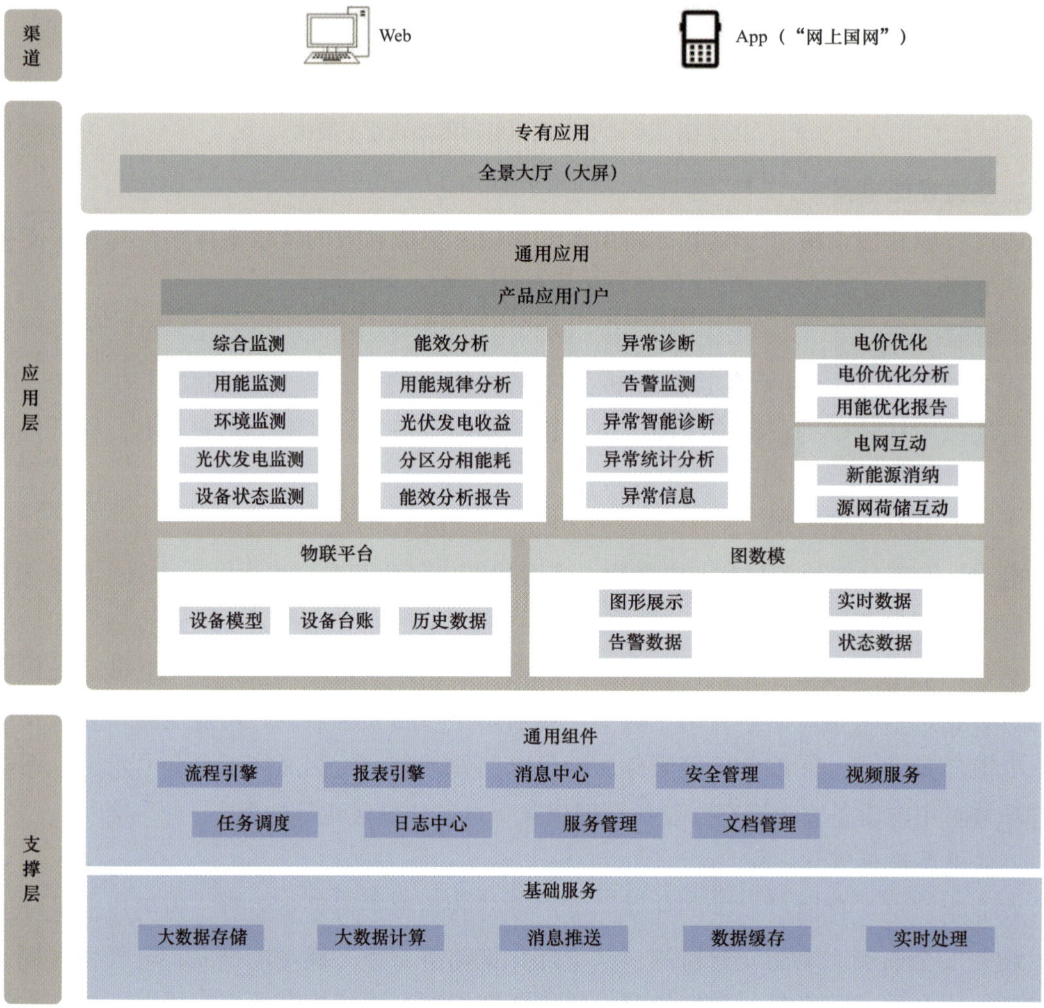

图2-4　乡村电气化智慧用能系统应用架构

（一）渠道层

渠道层是指为前端客户互动和后端行为之间整个业务全过程提供的连接服务。通过App应用、Web应用的线上方式实现消息推送、信息互动、移动作业等服务，为客户提供线上线下全方位的优质服务体验。

（二）应用层

应用层是用户和系统之间交流的桥梁，为用户直接提供信息化服务。面向乡村电气化用户，为多维度服务场景提供适应智慧用能发展路径的多类型服务产品，以满足乡村电气化用户深层次、多样化的智慧用能服务需求，增强用户黏性，打造与用户间强互动的服务模式。具体功能如下：

1. 全景大厅

该功能用于展示安吉乡村电气化建设成果、浙江特色应用、关键指标、场景概览等信息。

2. 综合监测

该功能提供用能监测、环境监测、光伏发电监测和设备状态监测，可详细查看智慧用能场景的相关信息、运行实时数据、运行状态、实时用能监测、光伏发电情况等，可对场景运行趋势进行跟踪分析。

3. 能效分析

主要提供用能规律分析、光伏发电收益分析、分区分相能耗分析、能效报告等多项数据增值服务，在能效报告模块中提供月度/年度专项分析报告及相关对比分析功能。

4. 异常诊断

该功能主要是对实时监测中发现的各类异常信息进行报警，提醒运维人员立即或及时处理，具体功能包括告警监测、异常智能诊断、异常统计分析和异常信息。

5. 电价优化

该功能包括电价优化分析、用能优化报告。

6. 电网互动

该功能包括新能源消纳、源网荷储互动。

7. 物联平台

物联平台包含模型管理、台账管理、实时数据、历史数据、告警产生等功能，提供包含设备、容器等数据的录入、编辑、删除等操作功能；实时数据、历史数据以及告警产生属于后台功能，为应用提供相应数据进行业务上的展示。

8. 图数模

提供数据建模以及数据展示的功能，包含设备矢量图形、测点等数据的配置和展示，为矢量及测点数据配置展示样式，并可展示实时数据以及告警数据。

（三）支撑层

支撑层提供各类基础服务供应用层软件进行调用，以满足用户的业务需求。支撑层中各类服务组件通过服务平台进行发布，应用通过服务平台调用已发布的服务组件，获取业务上依赖的基础服务。

1. 流程引擎

包含流程定义、流程引擎、流程管理三大模块功能，具体如下：

（1）流程定义：根据实际需要的业务流程来绘制流程图，登录物联网边缘智能数据处理（EIDP）进行配置。

（2）流程引擎：流程的启动、发送、挂起、锁定、恢复、审批、终止等相关流转操作，服务接口方式提供。

（3）流程管理：待办、已办、历史流程查看管理功能，服务接口方式提供。

2. 报表引擎

包含报表的配置工作，报表表现形式可进行可视化配置。

3. 消息中心

为应用提供发布消息的接口，包含消息发布对象、消息内容等数据，消息中心亦可提供工作人员主动进行消息发布功能。

4. 安全管理

为应用提供平台化用户管理，包含用户的单点登录服务、角色的管理以及权限项的配置。安全管理提供通用的管理页面，为平台安全管控提供配套的可视化安全管理工具及后台服务。

5. 任务调度

提供给上层应用以任务调度服务，可完成实时任务、定时任务等。

6. 日志中心

应用通过日志编写规则将程序日志以及用户操作日志上报至日志中心，日志中心可通过页面提供日志的检索和导出，供运维人员进行系统和应用层面的运维分析。

7. 服务管理

服务管理可将各类提供给应用的后台服务进行服务管理，应用可通过服务管理对后台服务组件进行调用，而通用组件以及基础服务都可通过服务管理向上层应用提供服务。此外，服务管理还提供一系列服务治理的功能，能够帮助运维人员快速实现针对服务的上架、落架以及服务降级等运维工作。

8. 文档管理

提供文档上传、下载、存储的服务，应用可通过调用文档管理提供的接口完成文档的操作动作。

9. 视频服务

提供专网或公有云的视频预览、回放服务，可接入网络视频录像机（NVR）等视频存储设备。

四、逻辑架构

基于高扩展性和稳定性的设计原则，乡村电气化智慧用能系统采用分层设计，包括客户端、展示层、服务接入层、微服务层、数据存储层、物联层、基础资源层、安全防护层、平台支撑层等九个部分，每个层次可以独立开发、独立部署。乡村电气化智慧用能系统逻辑架构如图 2–5 所示。

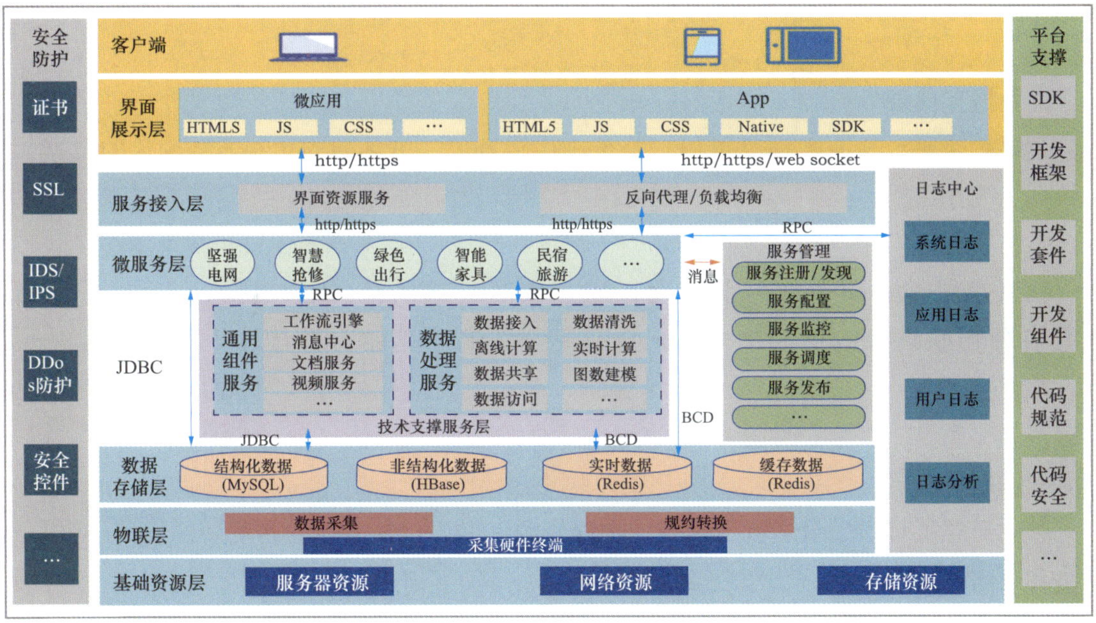

图 2–5　乡村电气化智慧用能系统逻辑架构

乡村电气化智慧用能系统的逻辑架构以业务及应用架构为依据，在参考通行服务化和云计算架构的基础上，结合对物联网应用场景和相关特殊技术要求的理解，构建符合乡村电气化智慧用能多场景、跨应用的业务服务形态需求，满足端到端的全链路信息化技术支撑需求，具有鲜明松耦合特征的“9+1”层柔性架构体系。

1. 客户端

平台能够支持目前主流流量终端设备的接入，主要为台式电脑、移动设备、展示大屏等。

2. 展示层

展示层全面遵循 H5 技术标准，采用主流前端框架和主流前端开发流程，引入自研前端控件，在提高开发效率的同时保证界面交互及视觉体验的一致性。

3. 服务接入层

服务接入层提供服务请求的统一接入、界面资源、负载均衡等服务。

4. 微服务层

在梳理乡村电气化智慧用能典型业务的基础上，逐步抽象出具有通用性的业务场景逻辑，统一设计、封装，形成相对对立的业务应用逻辑处理组件，满足乡村电气化智慧用能不同场景下产品和应用的业务复用需求。

5. 平台支撑层

为乡村电气化智慧用能所有产品提供统一的应用集成和数据服务支撑、应用通用功能输出支撑、数据实时处理和高级应用相关的存储、清理、分析、负载分流能力支撑。

6. 数据存储层

主要承接平台所有数据高可用、分布式存储需求，包含结构化和非结构化的数据、实时数据、缓存数据。

7. 物联层

物联层是乡村电气化智慧用能系统与物联终端的接入层，支持多种规约，能够满足各种物联设备数据的接入、充分利用设备端计算能力进行计算处理然后对外输出；能够实现平台端的远程操控，结合图、数、模一体化的方式对物联设备进行可视化管理。

8. 基础资源层

基础资源层是指平台运行所依赖的物理资源，主要包括具体的物联硬件设备、服务器、网络和存储。

9. 安全防护层

安全防护层体现了平台进行纵向整体软硬件安全的组合技术支撑能力，主要包括安全控件、安全证书、DDOS 防护硬件等。同时，特别强调在平台研发过程中的安全防护能力，主要包括代码级别的安全检测，利用持续集成系统的代码检测能力，在代码提交后进行代码扫描，避免潜在的缺陷和安全漏洞。

五、部署架构

乡村电气化智慧用能系统的物理部署总体需横跨四个网络，四个网络从外向内，依次为互联网（公有云）、专网、省公司信息外网、省公司信息内网，其中专网的部署方案最为核心也最为复杂。乡村电气化智慧用能系统网络部署架构如图 2–6 所示。

乡村电气化智慧用能系统的部署架构可分为网络边界部署和网络内部部署。乡村电气化智慧用能系统边界部署架构如图 2–7 所示。

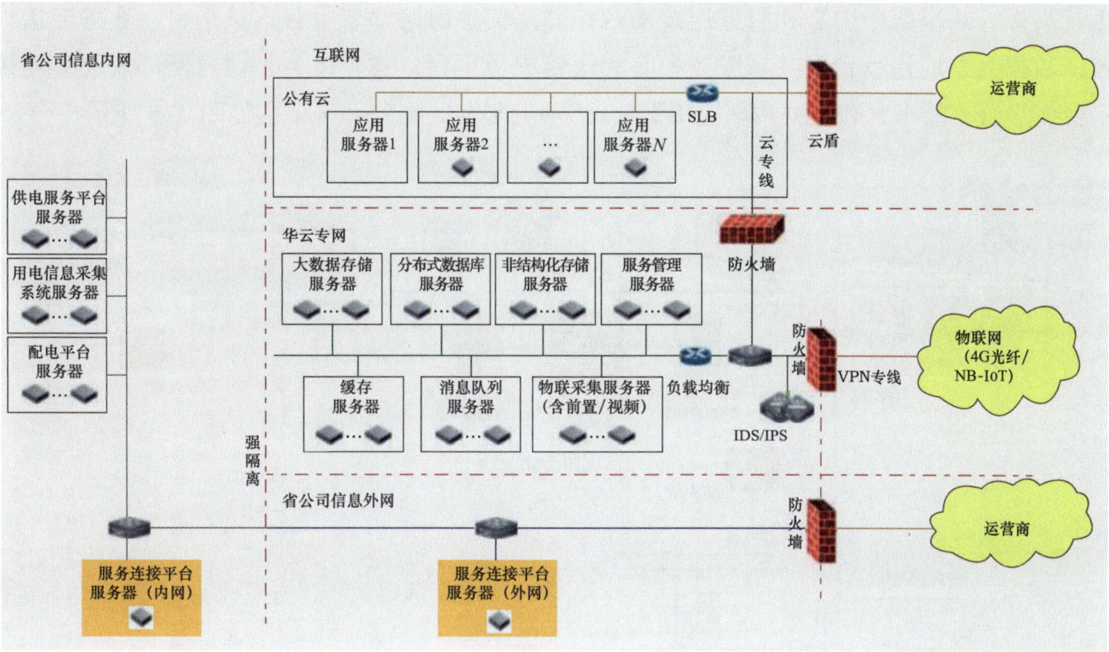

图 2–6　乡村电气化智慧用能系统网络部署架构

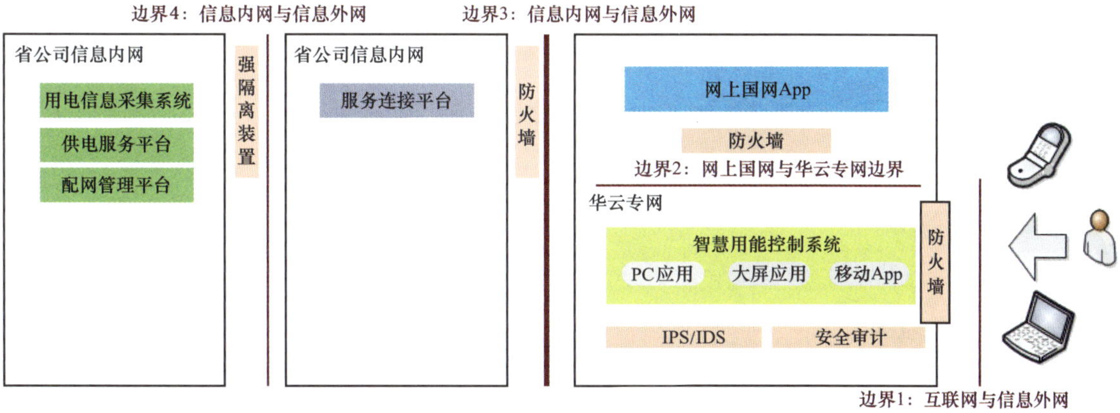

图 2–7　乡村电气化智慧用能系统边界部署架构

六、数据集成

1. 集成数据内容

智慧用能系统集成的主要数据包括四部分：①安吉示范区现场设备台账数据，以及经由物联平台采集的传感器设备监测数据；②在省公司内网的用电信息采集系统数据，省公司内网的供电服务指挥系统数据；③从第三方系统接入数据，包括车联网（安吉示范区绿色出行场景内的所有充电桩数据）；④光伏云网（安吉示范区内光伏发电数据）。

2. 数据集成方案

“网上国网”采用国家电网公司总部及省（市）公司两级部署，其中总部信息外网部署运营支撑、共享服务中心和服务连接平台；总部信息内网部署服务连接平台、业务连接平台、数据共享应用平台、共享服务中心和运营支撑平台。省（市）公司内网部署业务连接平台、运营支撑平台和数据共享应用平台。“网上国网”物理部署架构如图 2–8 所示。

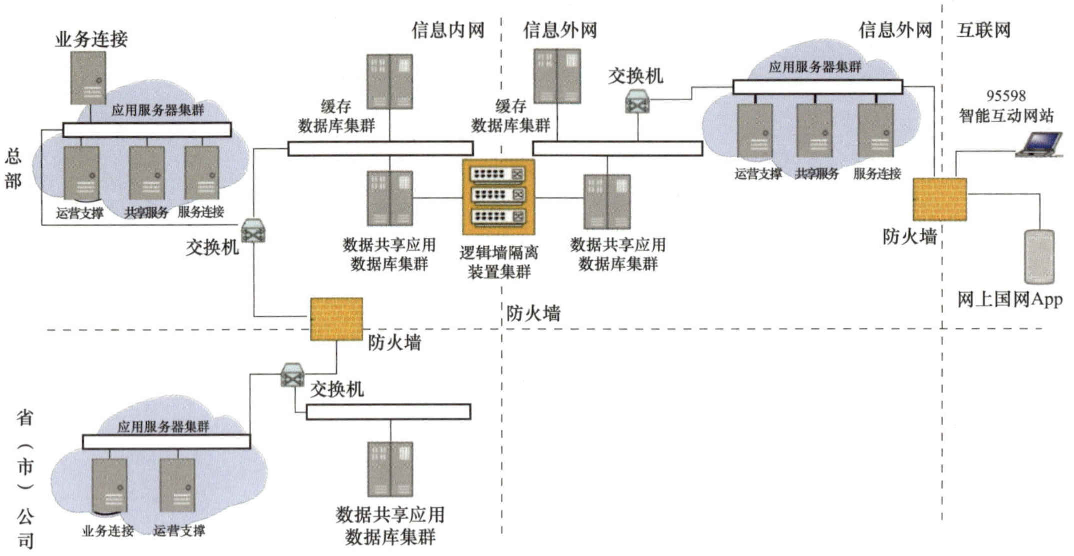

图 2–8 “网上国网”物理部署架构

第三节 电网侧 Web 应用

一、综合首页

综合首页包括综合监测首页和综合功能菜单两部分。

（一）综合监测首页

综合监测首页是智慧用能控制系统的首页，具备接入信息、环境监测、用能信息、当日负荷曲线、分布式电源、异常告警、用能趋势、储能、能耗分析以及用能优化 10 个板块展示功能，同时，中间地图区域支持示范点、推广点标注功能，支持单场景视图点击下钻。综合监测首页如图 2–9 所示。

1. 接入信息

按照农村生产、乡村产业、农村生活三大领域统计展示乡村电气化示范点接入数量。

2. 环境监测

展示当日天气、温湿度、PM2.5 等信息。

3. 用能信息

展示所有接入示范点整体昨日用电用水、昨日最高负荷以及今日当前负荷情况。

图 2-9　综合监测首页

4. 当日负荷曲线

展示所有接入示范点当日总负荷曲线。

5. 分布式电源

展示分布式电源总接入用户数、上网表数、发电表数以及并网容量。

6. 用能趋势

展示所有接入示范点近 7 日总用电用水趋势图。

7. 储能

展示所有储能装置总充放电量、实时功率以及削峰填谷收益。

8. 异常告警

展示所有示范点维度的安全运行天数，右下角图标展示当前异常告警状态信息，有异常告警信息则铃铛右上角出现小红点。

9. 能耗分析

展示所有示范点维度的当月尖峰谷用电量信息。

10. 用能优化

展示所有示范点中基本电费（按需、按容）不合理户数、分时电费（电度、峰谷）不合理户数、计费方式不合理总户数。

（二）综合功能菜单

综合功能菜单是多场景综合功能页面的入口，是在综合监测首页展示时，鼠标移动到页面顶部，页面顶部下滑弹出的一排菜单项，主要包括 11 项乡村电气化多场景综合功能，分别为综合接入信息、综合用能监测、综合异常告警、分布式电源监测、综合用能优化、工单处理、供电质量监护、安全监护中心、生产辅助、负荷柔性控制、综合积分管理，如图 2-10 所示。

图 2-10　综合功能菜单

二、对象导航功能设计

智慧用能系统 Web 侧应用首页页面左侧为对象导航区域，如图 2-11 所示。对象导航功能主要有节点选择和综合搜索功能。

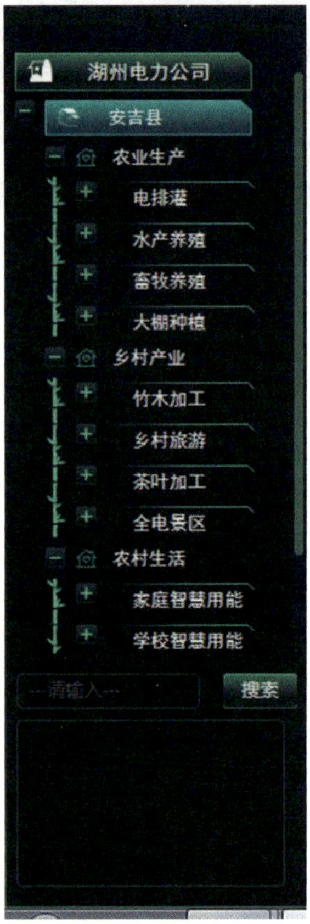

图 2-11　对象导航区域

1. 节点选择

提供按照乡村电气相关领域的节点选择功能。

2. 综合搜索

提供对于示范点的名称、用户编号、场景内设备资产编号综合搜索功能，支持示范点名称（部分名称）的模糊搜索。

三、多场景综合功能设计

（一）综合接入信息

1. 统计数据

分为统计信息汇总柱状图和统计信息表格两部分。

综合接入信息统计数据维度分为三级，例如：安吉、农业生产、水产，支持左边树选择；统计截止时间默认截止到前一日，如图 2-12 所示。

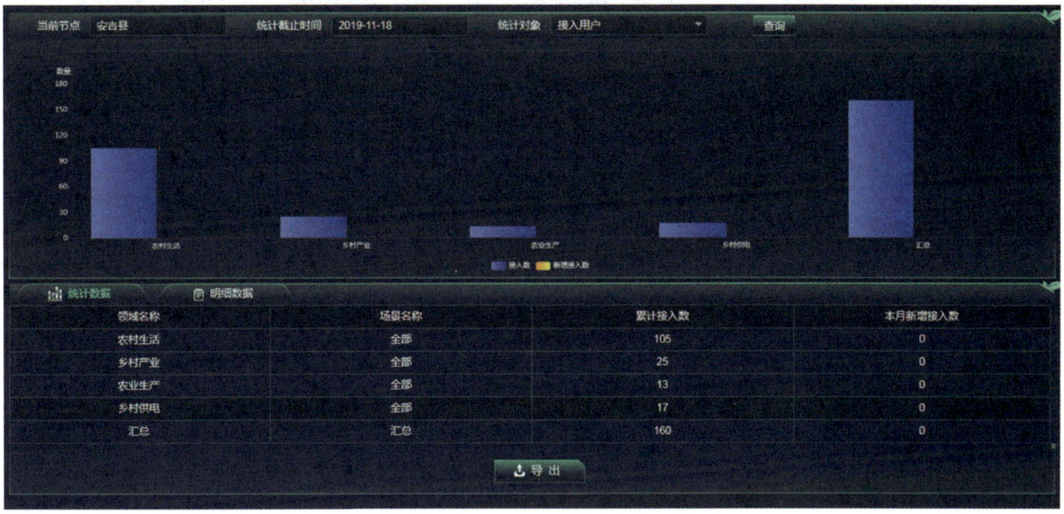

图 2-12　综合接入信息统计数据

2. 明细数据

明细数据由左边树选择后，节点范围内接入点明细信息可在线查看和导出，如图 2-13 所示。

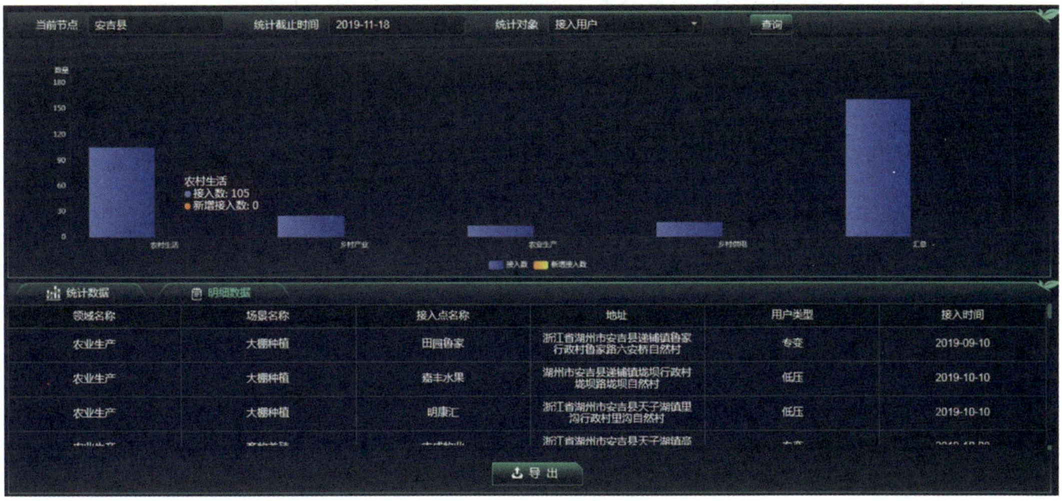

图 2-13　综合接入信息明细数据

（二）综合用能监测

1. 统计数据

分为统计信息汇总柱状图和统计信息表格两部分。

综合用能监测统计数据维度分为三级，例如：安吉、农业生产、水产，支持左边树选择；时间范围默认前一日数据，支持选择日月维度切换，也可指定某月或某日，如图 2-14 所示。

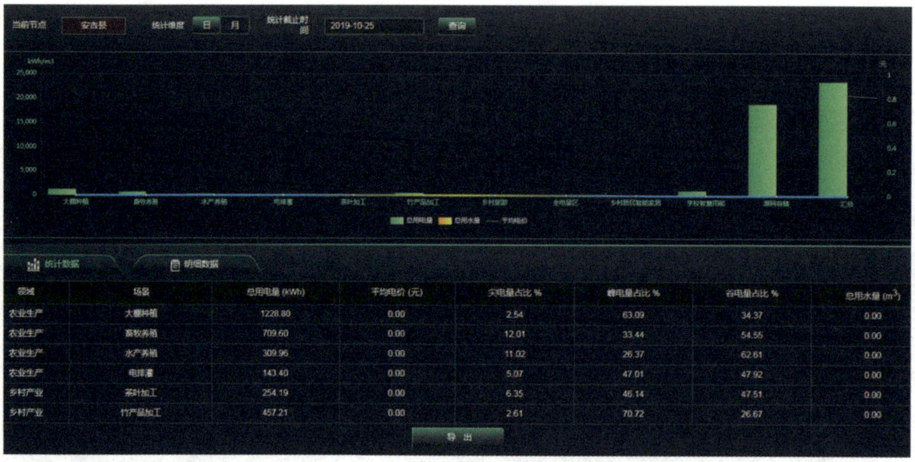

领域	场景	总用电量 (kWh)	平均电价 (元)	尖电量占比 %	峰电量占比 %	谷电量占比 %	总用水量 (m^3)
农业生产	大棚种植	1228.80	0.00	2.54	63.09	34.37	0.00
农业生产	畜牧养殖	709.60	0.00	12.01	33.44	54.55	0.00
农业生产	水产养殖	309.96	0.00	11.02	26.37	62.61	0.00
农业生产	电排灌	143.40	0.00	5.07	47.01	47.92	0.00
乡村产业	茶叶加工	254.19	0.00	6.35	46.14	47.51	0.00
乡村产业	竹产品加工	457.21	0.00	2.61	70.72	26.67	0.00

图 2-14　综合用能监测统计数据

2. 明细数据

明细数据由左边树选择后，节点范围内接入点的用电信息可在线查看和导出，如图 2-15 所示。

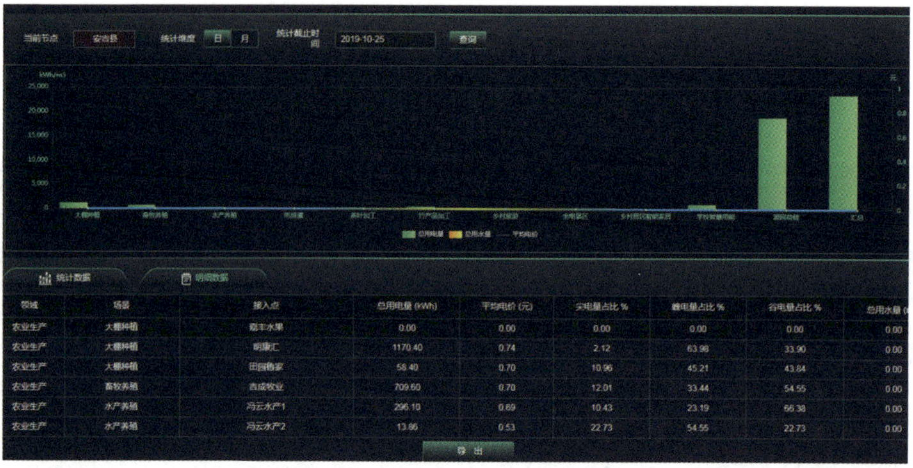

领域	场景	接入点	总用电量 (kWh)	平均电价 (元)	尖电量占比 %	峰电量占比 %	谷电量占比 %	总用水量
农业生产	大棚种植	嘉丰水果	0.00	0.00	0.00	0.00	0.00	0.00
农业生产	大棚种植	明康汇	1170.40	0.74	2.12	63.98	33.90	0.00
农业生产	大棚种植	田园鲁家	58.40	0.70	10.96	45.21	43.84	0.00
农业生产	畜牧养殖	吉成牧业	709.60	0.70	12.01	33.44	54.55	0.00
农业生产	水产养殖	冯云水产1	296.10	0.89	10.43	23.19	66.38	0.00
农业生产	水产养殖	冯云水产2	13.86	0.53	22.73	54.55	22.73	0.00

图 2-15　综合用能监测明细数据

（三）综合异常告警

综合异常告警页面包括异常综合展示、异常曲线、告警统计以及异常明细等功能。

1. 异常综合展示

展示异常告警总数、异常告警数、预警告警数以及各异常分项数量。节点选择可从左边选择区域选择各节点，也可通过页面顶部下拉框选择。

2. 异常曲线

根据输入时间区段按日展示异常告警数、预警告警数曲线，默认当日前 30 天。

3. 告警频度

展示周期内告警类型排名和告警设备排名信息。

4. **告警统计**

告警统计页面如图 2–16 所示，展示各层级异常告警统计数量，列表中对象节点名称支持下钻，列表中各统计结果数字支持切换至异常告警 TAB 页。

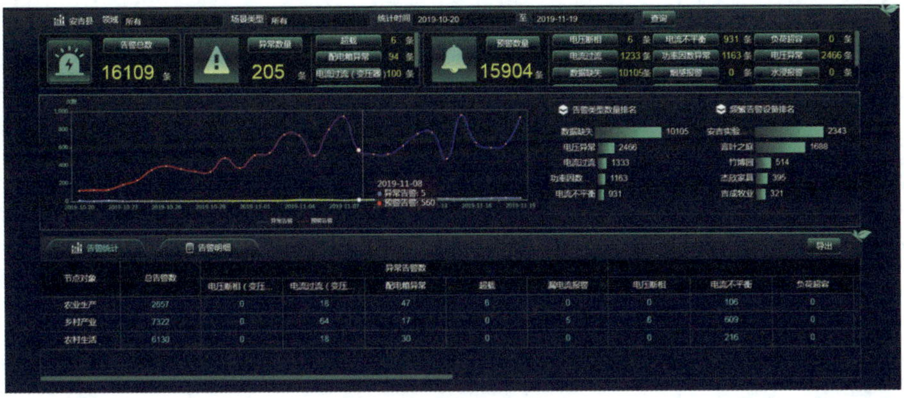

图 2–16　告警统计页面

5. **告警明细**

告警明细页面如图 2–17 所示，展示异常告警明细信息，支持领域、场景类别、告警类型、统计时间自定义选择，提供导出功能，点击场景名称可链接至对应场景中的异常明细 TAB 页。

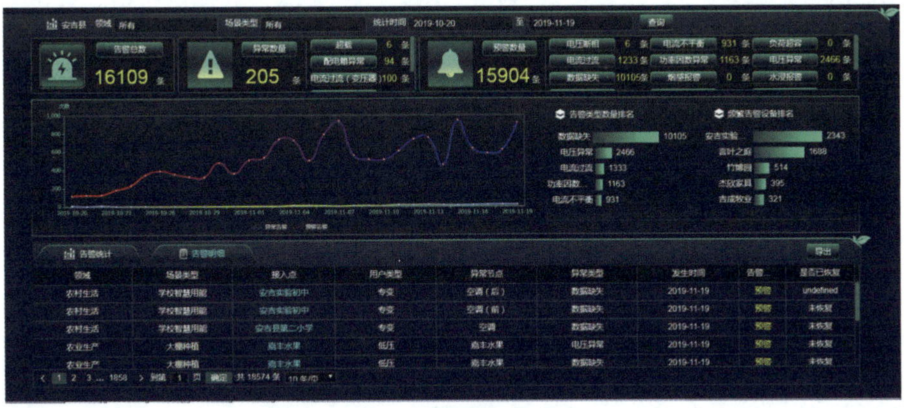

图 2–17　告警明细页面

（四）分布式电源监测

1. 分布式电源用户电量监测统计

根据选择的树节点以及查询条件查询展示节点内符合条件的分布式电源用户的上网电量和发电量并以趋势图表示。当查询方式为月时，其中横向坐标为本月 1 日至本月最后一天，纵向坐标为每日总发电电量和上网电量；当查询方式为年时，其中横向坐标为 1 ~ 12 月，纵向坐标为每月总发电电量和上网电量。

2. 分布式电源用户日负荷预测统计

根据选择的树节点以及查询条件查询展示节点内符合条件的分布式电源用户的日实际

负荷曲线、日预测负荷曲线，如图 2–18 所示。

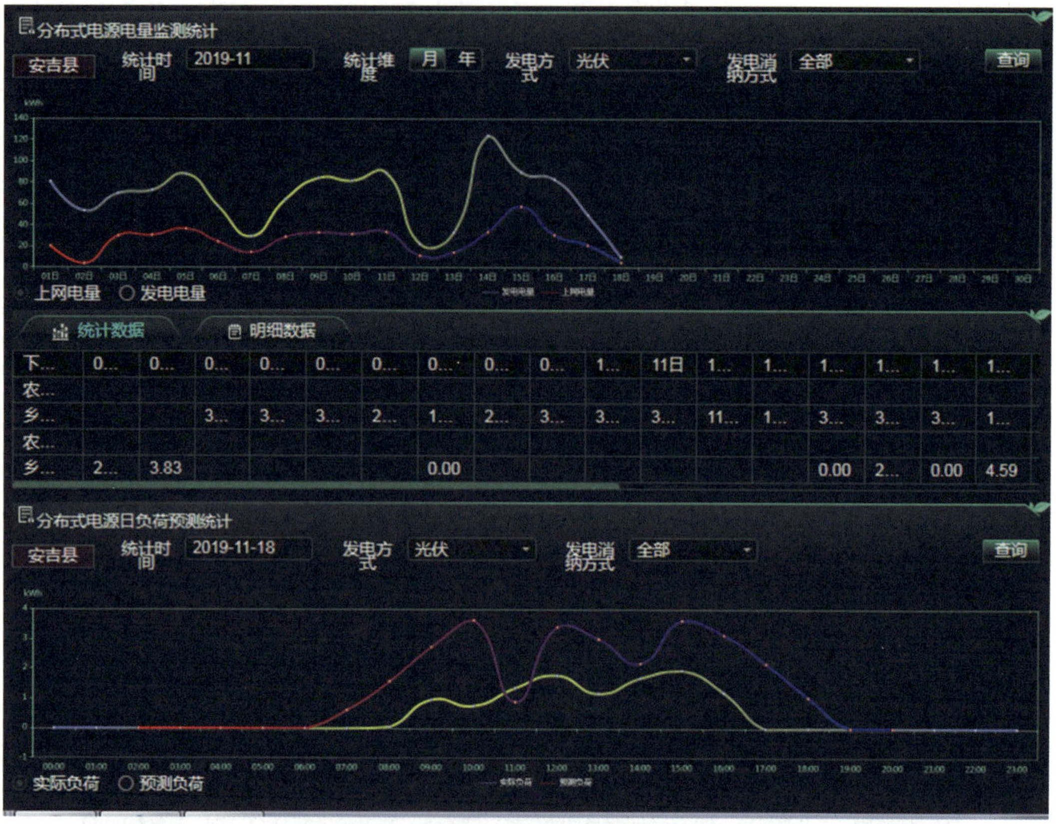

图 2–18　分布式电源用户日负荷预测统计页面

（五）综合用能优化

综合用能优化统计页面包括分时 / 基本电价计费节省费用、平均电价、用能生产建议优化、理论可额外优化费用、月度中每日电量和用电费用曲线等功能，如图 2–19 所示。

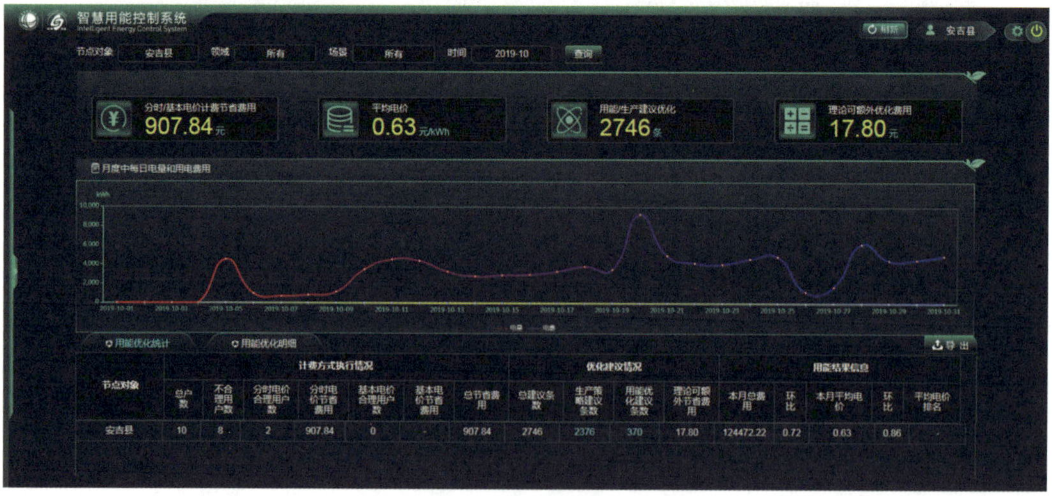

图 2–19　综合用能优化统计页面

综合用能优化明细页面如图 2-20 所示。

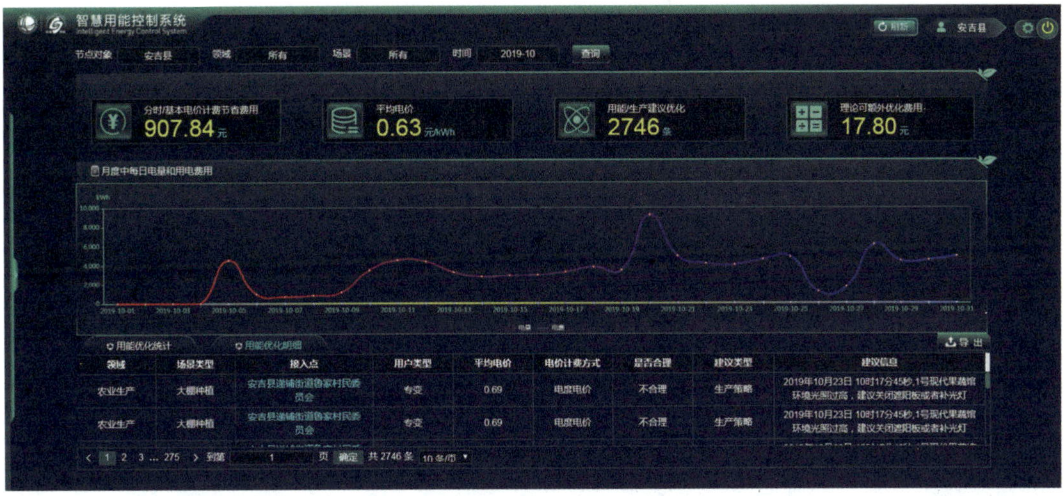

图 2-20　综合用能优化明细页面

（六）工单处理

工单分为一键报修工单和系统研判工单两种。系统研判工单生成条件为产生变压器侧电压断相、电流过流、配电房（箱变）的水浸、烟感异常。对于一键报修工单，操作者可从本界面获取上报者联系方式，联系用户后将问题进行记录，处理完后可以进行归档；对于系统研判工单，操作者可以查看系统研判的详细信息，并查看现在是否恢复正常，以此为依据决定是否归档。工单处理支持对历史工单数据进行查询和导出。实时工单处理界面如图 2-21 所示。

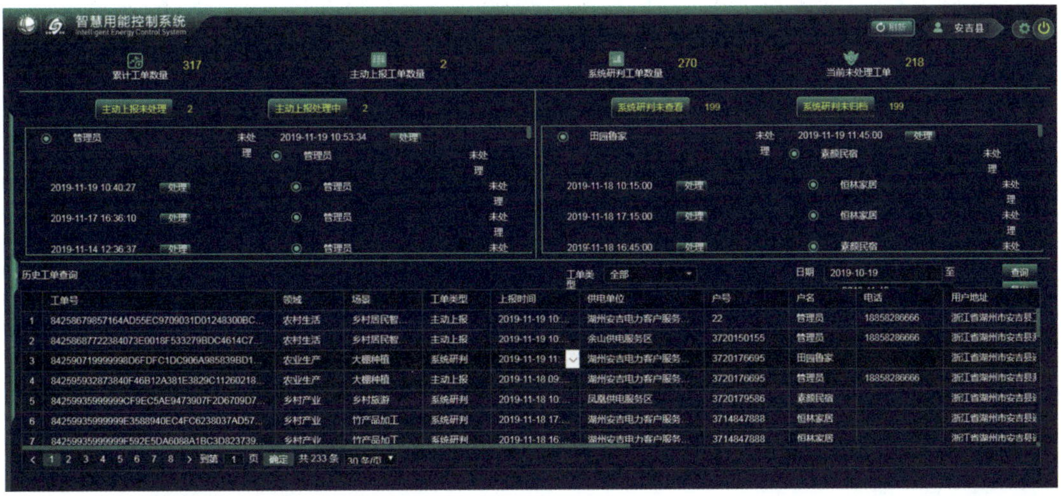

图 2-21　实时工单处理界面

（七）供电质量监护

供电质量监护页面展示农村生产、乡村产业、农村生活的越上限次数和越下限次数，以及电压合格率，如图 2–22 所示。其中，电压日志可选择节点与日期、是否越限进行查询，显示结果为当前节点各用户、监护节点在各时间段的电压日志。

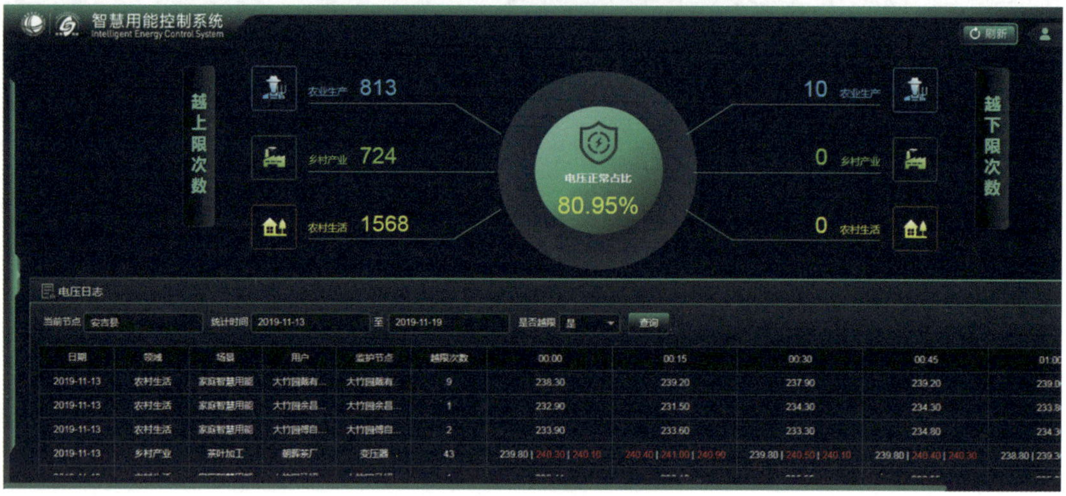

图 2–22　供电质量监护页面

（八）安全监护中心

安全监护中心页面可查询累计安全监护天数、安全监护用户总数、当前存在安全问题节点和当前存在安全隐患节点，可按日期查询安全问题及隐患用户排名。安全监护中心页面如图 2–23 所示。

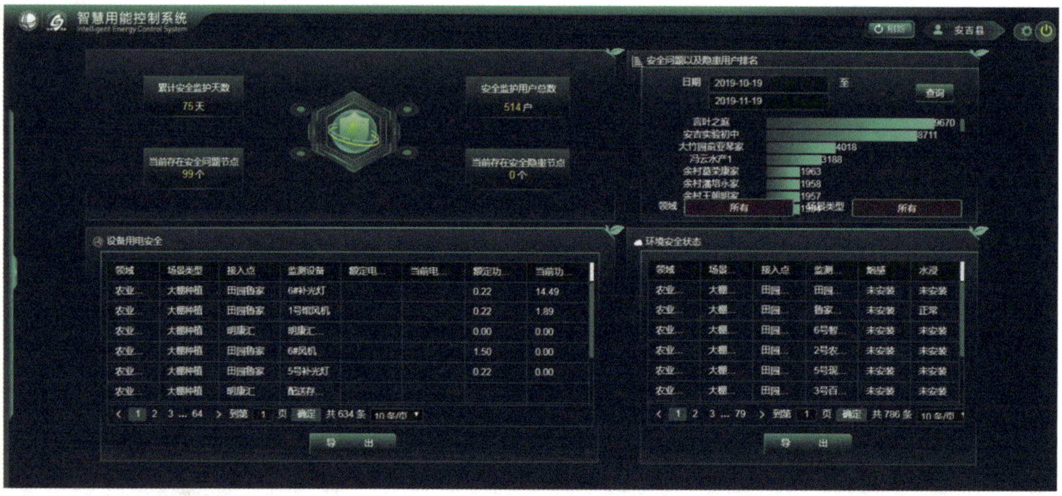

图 2–23　安全监护中心页面

（九）生产辅助

生产辅助页面可按节点对象查询指定时间的策略推送统计。策略明细显示该节点的场景类型、接入点名称以及具体发生时间，并可导出该节点的策略明细。生产辅助页面如图 2–24 所示。

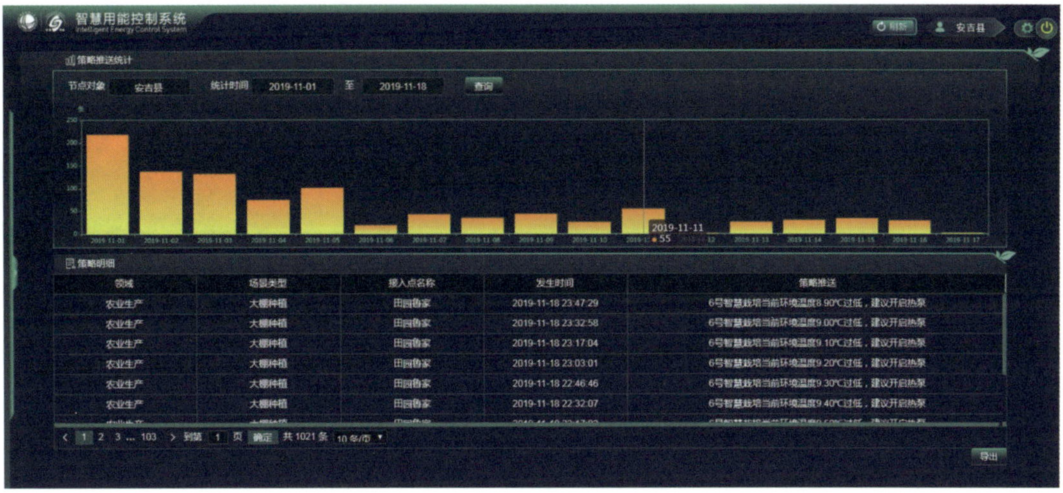

图 2-24 生产辅助页面

（十）负荷柔性控制

负荷柔性控制分为负荷柔性执行与负荷柔性统计两类，可查询柔性控制的情况与柔性变压器数量。

负荷柔性执行界面如图 2-25 所示，显示柔控覆盖情况、柔控触发情况、柔控执行结果与策略配置情况。柔控对象策略配置可按类型选择柔控目标与可控负荷，查询策略配置以及详情。下方以表格的形式展示柔控对象节点、柔控基本情况、变压器基本情况以及用户签约情况。

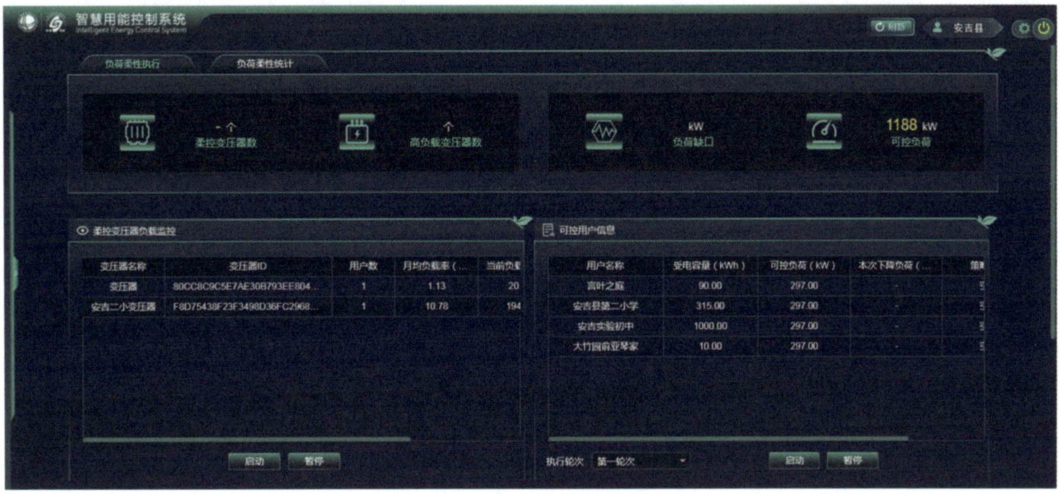

图 2-25 负荷柔性执行页面

负荷柔性统计界面如图 2-26 所示，显示柔控变压器数量、高负载变压器数，以及负荷缺口和可控负荷。可启动 / 执行与暂停柔控变压器负载监控与可控用户信息的策略状态。下方以图表的形式显示高负载变压器数监控与区域负荷曲线。

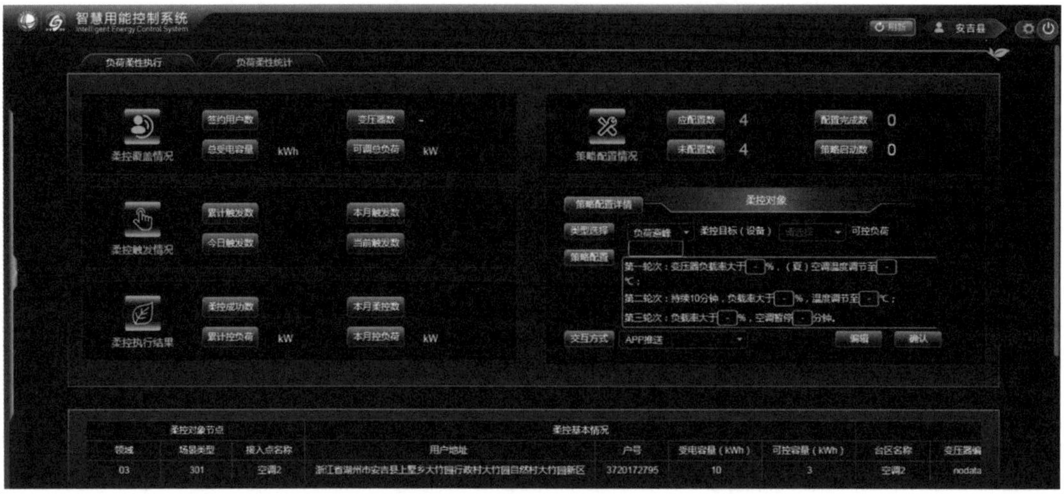

图 2–26　负荷柔性统计页面

（十一）综合积分管理

综合积分管理页面如图 2–27 所示，可查看累计与今日的产生、兑换与使用的绿电积分。下方可按节点查询指定时间的绿电积分具体使用情况统计与明细，可导出该节点指定时间的积分统计与积分明细。

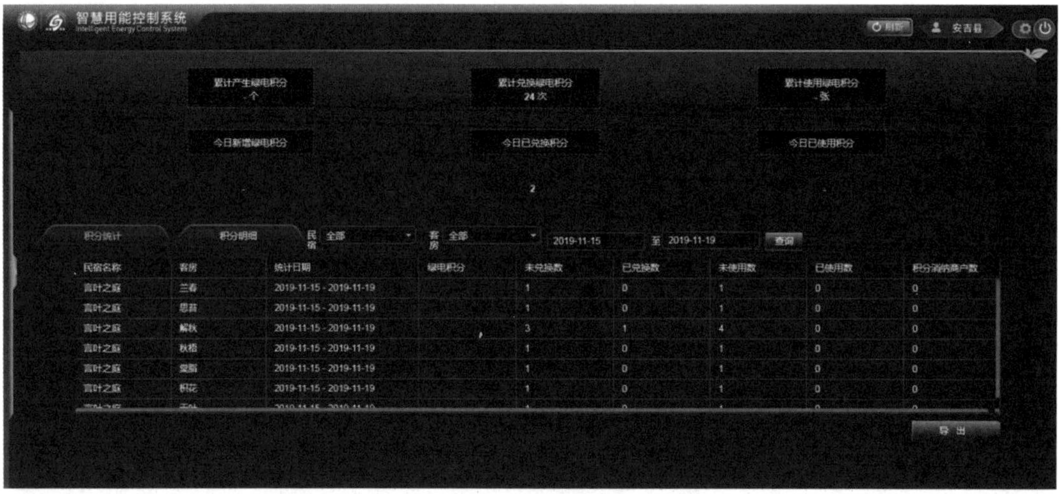

图 2–27　综合积分管理页面

四、单场景功能菜单

单场景功能根据乡村智慧用能具体场景业务需求进行设计，主要包括大棚种植、水产养殖、畜牧养殖、电排灌、茶叶加工、竹产品加工、乡村旅游、全电景区、家庭智慧用能、学校智慧用能、乡村电气源网荷互动等场景。

第四节　客户侧 App 端应用

一、导航栏通用功能设计

（一）首页自定义模块

为了满足各场景的个性化需求，首页设计自定义模块，用户可以根据实际需求和使用习惯对模块进行增加、删除和排序，操作流程如图 2–28 所示。

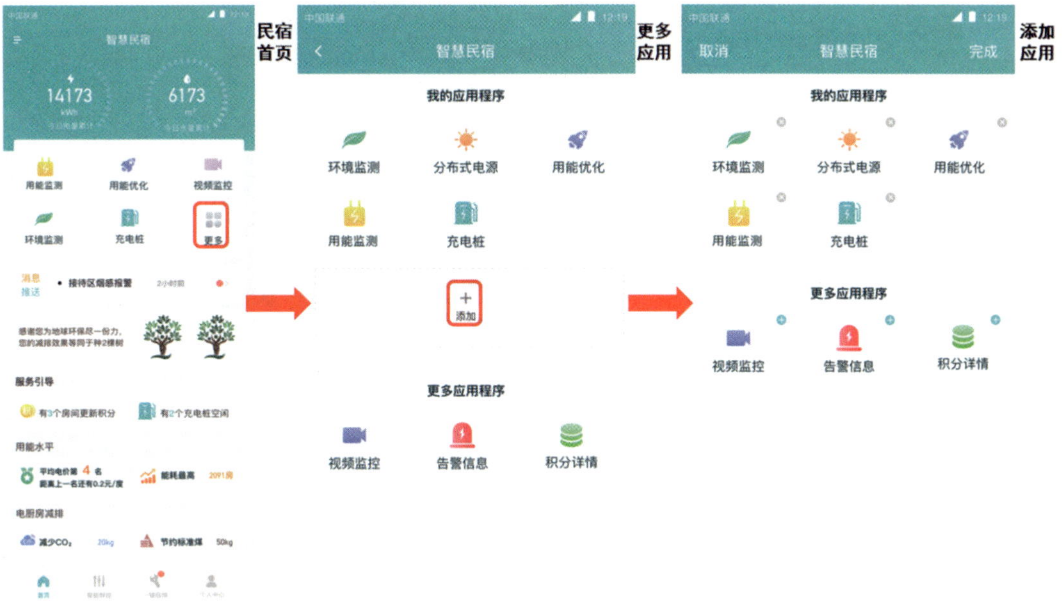

图 2–28　首页操作流程

（二）一键报修

一键报修功能是用户与电力公司快捷、有效的沟通窗口，当用户遇到无法解决的电力问题，通过“一键报修”上报 Web 端，客服人员根据“一键报修”申请时预留的联系方式与报修人进行电话沟通，确认现场问题，沟通解决方案。

1. 新增报修

新增报修可申请报修并显示处理进度，如图 2–29 所示。用户报修时需确认详细地址、联系人、联系方式等信息。用户的报修请求将推送至智慧用能控制系统 Web 端，Web 端客服人员通过电话与报修人沟通，记录故障现象和用户诉求，并针对故障现象制定处理方案，用户在 App 端可查看报修处理进度。

图 2–29　新增报修

2. 查看历史报修记录

历史报修记录如图 2–30 所示。

图 2–30　历史报修记录

二、智慧用能功能设计

下面以茶叶加工为例，介绍客户侧 App 端智慧用能界面及功能。

（一）主界面

主界面包含今日电量累计、行业能耗排名、能耗最高、设备波动、节省费用、未读消息 / 告警信息、充电桩、减排效果等栏目，如图 2-31 所示。

导航栏包含首页、智慧炒茶、一键报修和个人中心。

图 2-31　主界面

（二）用能监测

用能监测分总体能耗、设备能耗，相应展示各自能耗详情，可在页面进行选择查看。查看路径为：功能模块 ⇒ 用能监测或首页 ⇒ 今日电量累计。

1. 总体能耗

总体能耗页面展示炒茶区域整体耗能情况，可分别展示用近 7 日用电（尖、峰、谷）情况及各区能耗比例，如图 2-32 所示。

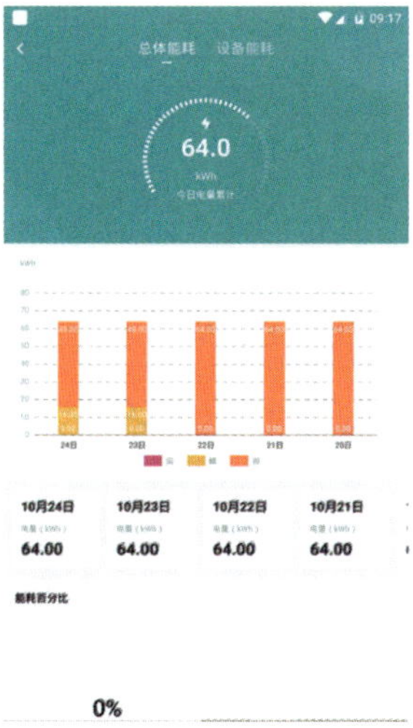

图 2-32　总体能耗页面

2. 设备能耗

设备能耗页面分设备展示累计电量、实时功率、运行状态，本月每日用电量、日均用电负荷和当天负荷曲线，如图 2-33 所示。

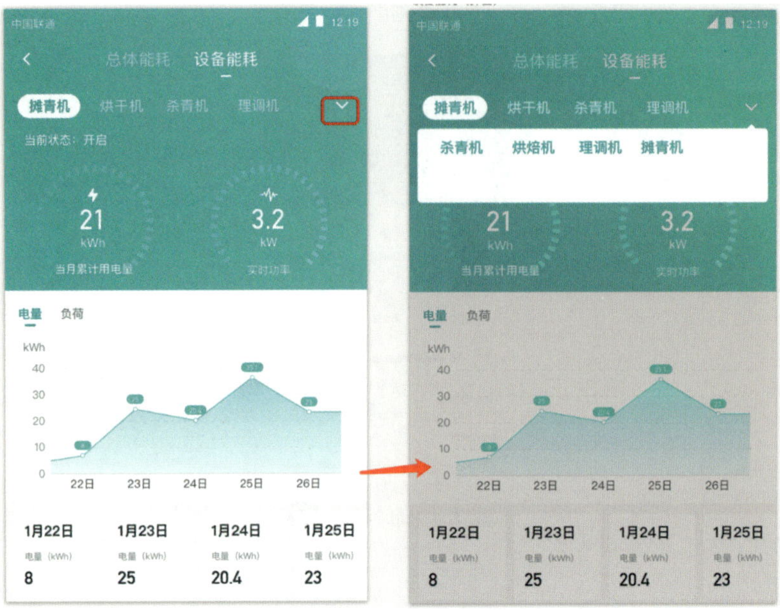

图 2-33　设备能耗页面

（三）充电桩

充电桩页面展示多台充电桩的状态、充电量、充电次数、充电金额以及用电量信息，如图 2-34 所示。

图 2-34　充电桩页面

（四）环境监测

环境监测页面展示炒茶场和配电房环境，如图 2–35 所示。

图 2–35　环境监测页面

（五）视频监控

视频监控页面展示炒茶场环境，点击播放按钮可以进行视频的播放，如图 2–36 所示。

图 2–36　视频监控页面

（六）用能优化

用能优化页面展示用户本月峰谷节省费用、平均电价排名、主要耗能设备用电波动、本月优化建议、优化报告、当月 / 当年尖峰谷电价系数趋势图，如图 2–37 所示。

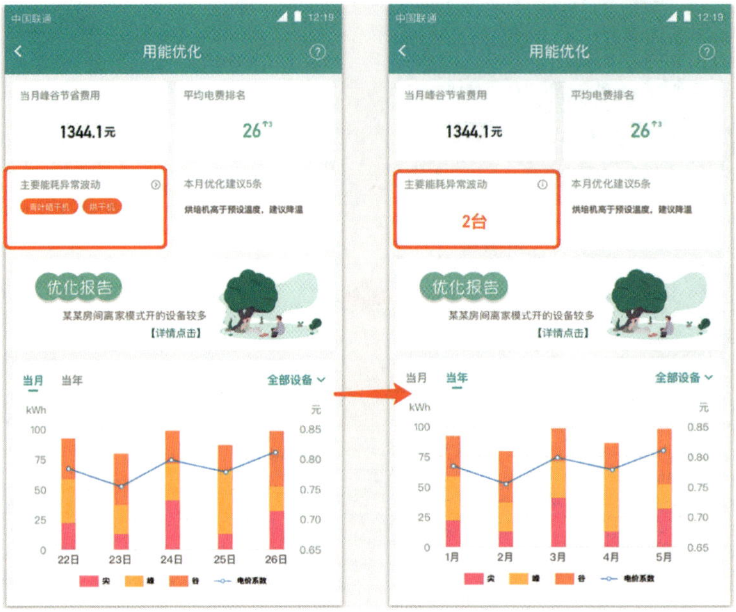

图 2–37　用能优化页面

（七）告警信息

告警信息页面可查看历史告警记录，如图 2–38 所示。

图 2–38　告警信息页面

（八）智慧炒茶

App 根据设置的策略，自动推送炒茶建议，如图 2–39（a）所示；自定义策略名称，自定义炒茶的类型、重量、不同工序的温度，如图 2–39（b）所示。

（a） 推送炒茶策略

（b） 自定义炒茶策略

图 2–39 智慧炒茶

（九）策略对比

策略对比用于将当前使用的炒茶策略与同行、专家、历史在每一道工序上进行多维度对比，包括温度、时长、单位产值能耗等，如图 2–40 所示。

图 2–40　策略对比

第三章　农业生产智慧用能

加快农业发展，促进电力技术与种植业、畜牧业、渔业、农产品加工业深度融合、全面应用和数字化转型，助推传统农业向数字农业转型升级，离不开坚固耐用、灵活友好、智能互动的新型农村电网。供电公司积极推动政府出台专项财政补助政策，推广农田电排灌、农业大棚电保温、电动喷淋、水产增氧、水循环等成熟电气化技术，建设、改造电排灌站、电气化大棚、水产电气化养殖等推动农业生产电气化发展。

第一节　大棚种植智慧用能

一、现状分析

传统农业生产大棚主要依靠人力、各种简单机械进行生产，科技含量较低，装备水平较为落后，需要大量遮光、排灌、施肥、采摘等人工劳动。农业生产过程中由于人工消耗的化肥、农药、水资源量飞速增长，污染、浪费严重。

农业生产大棚用能涉及用户侧、电网侧、政府侧三方面。用户侧指大棚种植用户，其在作物种植过程普遍关心两个方面的信息：①大棚内与作物生长环境息息相关的参数，如温度、湿度、光照强度等；②用能总成本，主要包括棚区用水、用电情况，目前的主要用能成本集中在地源热泵、风机、遮阳罩电机等设备用电及灌溉用水等方面。

电网侧指电网公司，主要关注点集中在乡村电气化大棚的供电质量、用户能耗情况、变压器运行状态等，并为智慧电务推广提供决策依据。在不影响用户供电质量的情况下，电网和用户可以做负荷需求侧柔性互动；基于监测数据，为用户提供设备运维、节能优化等智慧电务相关专业服务，拓展营收渠道。

政府侧关注用户末端设备用电安全；辅助了解相关扶持、扶贫政策的落实情况；便于降本增效，扶贫增收等相关政策的开展。

电气化大棚用能涉及的主体包括电网公司、大棚业主。电网公司对大棚的用能、环境、安全等数据进行监测，并开展多维度能耗分析，为用户提供电价优化策略，同时对专用变压器运行情况及大棚园区的电压质量进行监测。大棚业主对各个大棚的作物生长环境及设备状态进行监测，查看大棚能耗情况及电价优化策略。大棚种植的用能需求如图 3–1 所示。

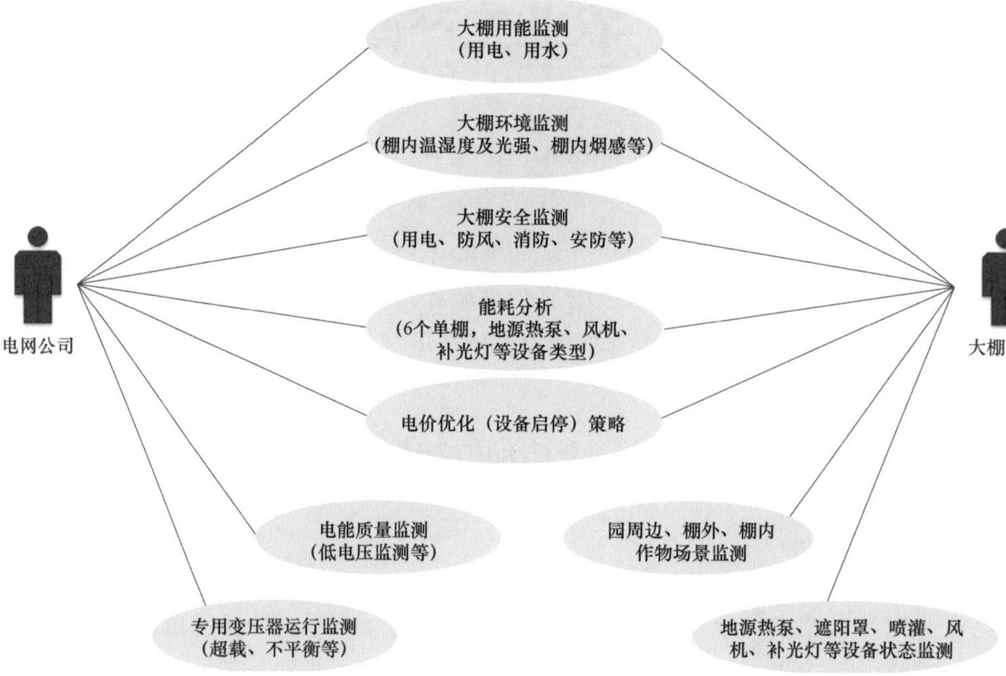

图 3–1　大棚种植用能需求

二、建设内容

（一）建设目标

（1）提升综合能效。农户通过电气化大棚多要素采集和生产智能控制，实现光、水、肥料、农药等精细化控制，降低农户生产成本，预计用水利用率提高 35% ~ 50%，肥料利用率提高 25% ~ 40%，减少农药和化肥对生态环境的污染；通过监测数据进行各类用能分析，为农户提供节能策略与建议，如改造老旧耗能设备等，预计用电成本降低 10% ~ 20%。

（2）提高生产效率。通过电气化大棚物联融合应用，实现农业生产全过程全方位实时感知和自动化操作，通过用能、生产和环境的协调控制，将有效提高农产品产量及质量，提升农业生产自动化水平，农业生产效率明显提高。

（3）提升用能服务。通过电气化综合监控服务，提供大棚监控、辅助生产等服务，辅助农户实现农作物生产情况全天候线上数字化监测和远程控制，提升农户在线监控体验。通过综合能源智能故障研判服务，实现故障信息及时推送和处置及综合能源智能运维服务，降低农户受损风险。农户通过在线视频监控服务，实现大棚农作物生长和环境情况可视化。

（二）建设概况

在常规电气化设备的基础上，应用物联网技术、水肥自动控制技术、全光谱 LED 补光技术、地源热泵技术等高新技术，实现“水、气、电、热、冷”用能设备状态全面感知与智能优化控制。

电气化大棚改造在常规电气化设备的基础上，应用物联网技术、水肥自动控制技术、全光谱 LED 补光技术、地源热泵技术等高新技术，利用电动通风、电动喷淋、电补光、电动控温等电气化设备，通过采集温度、湿度、光照强度、电量等信息，对大棚数据进行集中处理和分析，辅助灌溉、施肥等作业，精准化作业。农户可以进行实时线上施肥、浇水、控温等操作，实现对大棚电气化设备的智能管控和智慧用能，达到“水、气、电、热、冷”用能设备状态全面感知与智能优化控制，从而提高工作效率和资源利用率。

（三）建设构架

电气化大棚种植建设按照物联“云管边端”建设部署，本地监测传感设备包括电能表、水表、温 / 湿度传感器、光强传感器、烟感以及摄像头等；通过智能网关以及 NVR 实现设备接入和数据采集；视频数据根据摄像头设备厂家方案采用 NVR 上送或视频云对接方式实现；通信方式以 4G 无线网络为主，有线网络为辅。在智慧用能系统中增加大棚种植模块，为供电公司提供大棚用能监测、能效分析、环境监测、电能质量监测等功能，为大棚用户开发棚内环境及设备运行监测功能的 App，同时提供按照单棚、设备种类等多维度用能监测，结合棚内作物生长环境需求与用能情况，提供成本优化方案建议，同时实现电气化建设、农村生产、棚区内部多维大屏展示。

云：在专网部署智慧用能控制系统，并基于此系统开展乡村电气化 Web 侧应用、智能 App 应用及监控大屏应用，为智慧大棚种植基地提供用能监测、能效分析、环境监测、电能质量监测、安全监测、用能优化分析等功能。

管：智能网关通过 4G、公网有线网络远程上送数据给智慧用能控制系统。

边：现场智能设备主要采用 Zigbee（无线）、RS485（有线）两种方式与智能网关进行通信，协议使用 HTTPs 传输，无线传输采用 JSON 消息，有线通信方式支持的通信规约为 Modbus-RTU 及 DL/T 645—2007。

端：为智慧大棚种植基地安装能效智能监测设备，包括智能电能表、水表等，为智慧大棚种植基地安装生产要素监测设备，包括温湿度、光强、二氧化碳浓度传感设备，将大棚种植基地接入电力物联网，实现智能设备实时感知。

大棚种植智慧用能系统架构如图 3-2 所示。

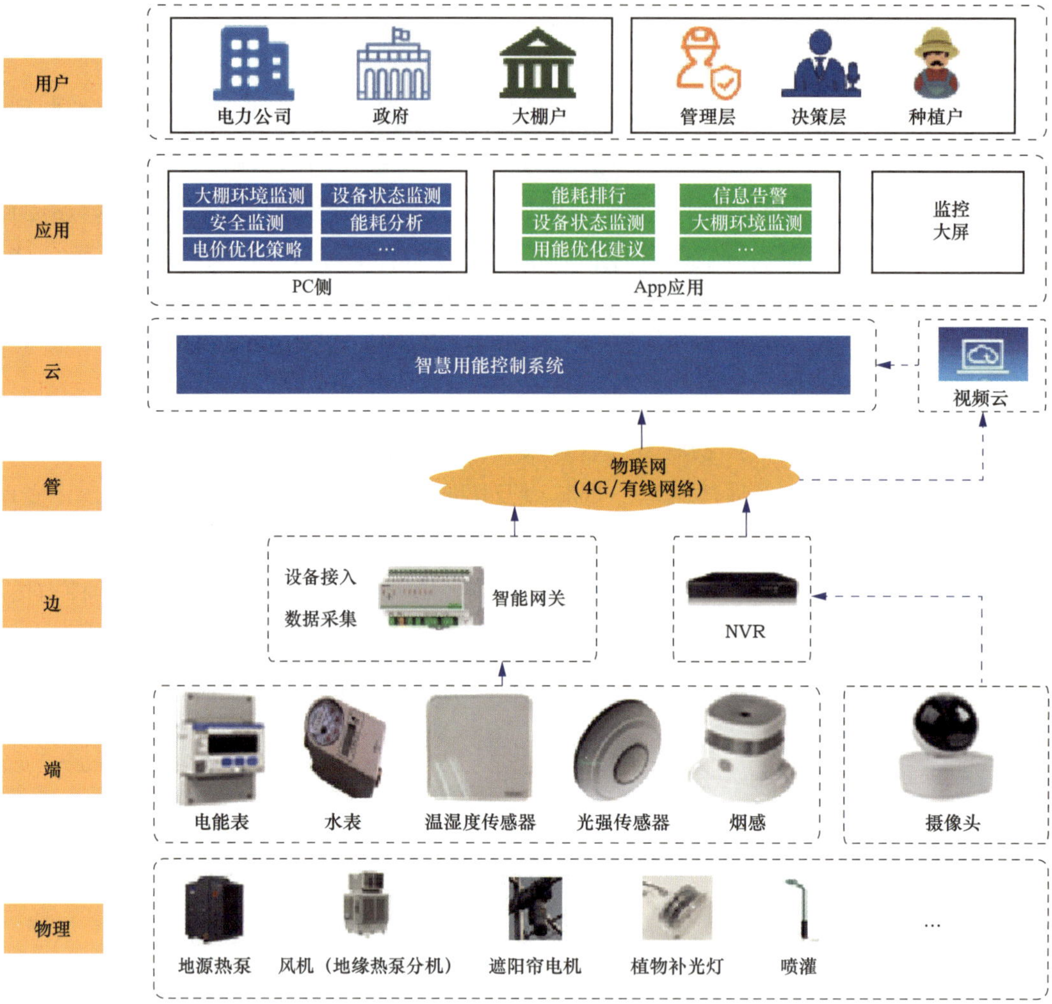

图 3-2　大棚种植智慧用能系统架构

（四）建设内容

1. 大棚种植智慧用能主要安装设备的类别及安装位置（见表 3-1）。

表 3-1　　大棚种植智慧用能主要安装设备的类别及安装位置

序号	类别	产品名称	安装位置
1	通信管理	4G 无线路由器	安装在能耗采集箱里，给能耗采集器上网传数据
2		电源模块	安装在能耗采集箱，给能耗采集器供电
3		能耗采集器	安装在能耗采集箱，采集电表数据上传服务器
4		能耗采集箱	安装在现场空开电箱旁边，用于安装此表格里的产品

续表

序号	类别	产品名称	安装位置
5	传感设备	三合一传感器（温度、湿度、光强）	安装在大棚内，监测温湿度
		二氧化碳浓度传感器	安装在大棚内，监测二氧化碳浓度
		水浸传感器	安装在大棚内，监测水位
6	表计	单相导轨远传电表	安装在能耗采集箱里，监测电量数据
7		三相导轨远传电表	地源热泵、水泵
8		互感器	安装在能耗采集箱里，监测电量数据
9		智能水表	安装在棚区供水总管
10	展示	摄像头	安装在棚区和单棚
11	用电安全	漏保开关	安装在用户总表处

2. 大棚种植智慧用能采集数据及采集频率（见表 3–2）

表 3–2　　大棚种植智慧用能采集数据及采集频率

序号	数据项分类	数据子项	采集频率
1	棚区环境	视频	实时
2	大棚内部环境	温度	实时
3		湿度	实时
4		光照强度	实时
5		空气监测	实时
6		烟感	实时
7	棚区整体用能设备监测［电能表（总）、水表、风机（总）等］	电流	15min
8		电压	15min
9		电能示值（总、正、反、各费率）	15min
10		功率（有功、无功、功率因数）	15min
11		用水量	天

3. **通信协议**

现场智能设备主要采用Zigbee（无线）、RS485（有线）两种方式与智能网关进行通信，协议使用HTTPs传输，无线传输采用JSON消息，有线通信方式支持的通信规约为Modbus-RTU及DL/T 645—2007。

4. **应用场景**

（1）大棚用户侧。

1）大棚种植环境监测。大棚种植人员可查看大棚内温度、湿度、光照强度、二氧化碳浓度等参数信息，实时掌握作物生长环境，避免作物种植生长不良和经济损失。

2）棚区种植能耗监测。大棚业主可查看棚区内各大棚以及地源热泵等主要用能设备的用能情况，了解棚区整体能耗以及棚区内部能耗分布；通过周期性的能耗统计功能，查询计算种植阶段过程中的用能成本情况。

3）大棚设备运行状况监测。大棚种植人员可实时监测地源热泵、水肥一体机、风机、补光灯等设备运行状况，在异常发生时及时采取措施，保障作物正常生长。

4）大棚种植用能优化。系统根据大棚种植户当前的电价计费方式、用能消耗、环境及设备运行监测信息，分析大棚种植过程中用户的电价计费方式选择、用能设备的非必要开启时间等信息，形成用能优化建议，推送给大棚种植业主，减少大棚种植用能成本投入。

5）大棚种植策略推送。大棚种植人员通过App配置大棚内作物种类、最佳温度、湿度、光照强度以及二氧化碳浓度区间。系统自动监测大棚内作物生长环境要素信息，当超过阈值时，向种植人员推送相关策略。例如光照强度过低，系统自动综合当前棚外光照强度，向用户推送棚内遮阳板打开或补光灯开启建议。

（2）电网侧。

1）电气设备安全预测分析。针对大棚种植连续特点，对变压器等设施的电压质量、三相不平衡度、功率因数等运行数据进行监控，及时发现设备隐患，提前落实处理。

2）配电箱安全监测。对配电箱的温度、湿度、水浸进行实时监测，发生异常时及时告警，保障棚区内供电设备安全运行。

3）智慧用能服务支撑，通过设备故障报修、电价优化策略等功能，为用户提供设备运维、节能优化等智慧电务相关专业服务。

（3）政府侧。

1）助力乡村产业振兴。为政府深入了解产业结构、农业生产情况提供渠道；同时电气化大棚的推广进度、覆盖范围，以及高投产比的科学种植体系完善度，是乡村产业振兴的重要特征指标。

2）大棚种植产业分析。当地政府可通过系统了解区域内乡村大棚种植经营分布情况，辅助乡村产业布局规划。

3）补贴政策落实情况跟踪。政府相关部门可以通过系统掌握大棚种植用电相关信息，作为甄别补贴政策实际落实情况的辅助依据，减少骗补现象的发生。

三、示范案例

田园鲁家国家级农业高科技园（国家农业农村部）在常规电气化设备的基础上，应用物联网技术、水肥自动控制技术、全光谱 LED 补光技术、地源热泵技术等高新技术，实现“水、气、电、热、冷”用能设备状态全面感知与智能优化控制，建设集生产、观光、休闲、餐饮、购物、科研、培训于一体的未来农场。

（一）基本情况

田园鲁家农业高科技示范园位于安吉县鲁家村，是一个集生产、观光、休闲、餐饮、购物、科研、培训于一体的大棚农场，总占地面积 6609m^2。

田园鲁家农业高科技示范园有现代果蔬馆、农副产品质量安全检测室、百花馆（花卉生产）、热带植物馆、现代化育苗中心（鲜花培育）、智慧栽培（植物工厂）6 个大棚基地。目前鲜花培育中心在正常培育花卉，花卉生产馆正在改造，计划打造以垂吊观赏花卉的主题餐厅，其余大棚未开展生产种植以及科研试验相关工作。田园鲁家农业高科技示范园大棚基地情况如图 3–3 所示。

图 3–3　田园鲁家农业高科技示范园大棚基地情况

（二）现场设备

示范园区由一台 10kV 专用变压器供电，园内主要已安装的设备包括地源热泵（主机 1 台，分机 1 号棚 4 台、2 号棚 1 台、3 号棚 8 台、4 号棚 2 台、5 号棚 4 台、6 号棚 2 台）、补光灯、电动遮光帘，还需新装烟感、温 / 湿度传感器、光照强度传感器以及各节点的多表（电能表、水表）用能监测设备。现场设备安装示意图如图 3–4 所示。

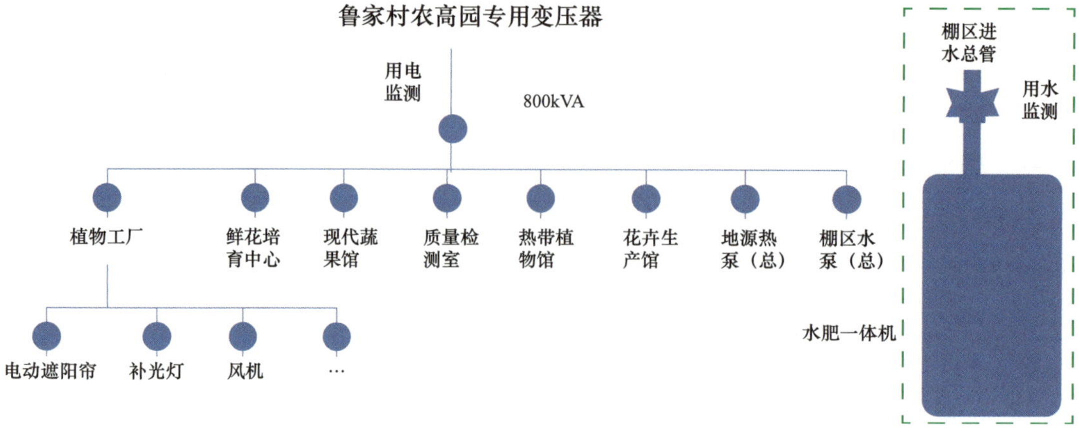

图 3-4　现场设备安装示意图

（三）成效分析

1. 运行成本

大棚可基本实现自动化运行，除种植、采摘等部分劳作需人工外，其余工作可实现自动化控制，可以不列入成本计算，年用电量 450000kWh，电费约 30 万元。

2. 社会效益

田园鲁家农业高科技示范园是鲁家村田园综合体项目的重要组成部分，鲁家村从一个“脏、乱、差”的小村庄，成为一个集“游、吃、住、购、娱乐”的旅游大景区，是美丽乡村建设的精品示范。同时鲁家村引入专业的旅游公司经营整个鲁家村田园综合体项目，将鲁家村村集体折算成股份，保证了当地村民的收益。

智慧大棚的建设规范了蔬菜大棚电气化、智能化和安全用电等标准要求，有助于提高安全用电水平，降低安全事故发生率。

智慧用能平台收集的数据可为政府智慧农业工作规划与决策制定提供数据支撑，从而促进农业生产降本增效、农户增产增收。

第二节　水产养殖智慧用能

一、现状分析

近年来中国正面临着严峻的生态环境破坏问题，污染物排放远超过水体环境自净能力，江河湖泊普遍遭受污染，水产养殖引起的水体污染、富营养化等问题使得水环境恶化加剧。同时，随着人们生活水平的普遍提升，人们对水产品的需求大幅增加，水产品供需矛盾与日俱增。因此，传统养殖方式如桑基、蔗基、花基鱼塘等生产方式已经不能适应社会发展的需要。以电为主的电气化集中养殖方式可在满足水产品养殖的前提下有效促进生态环境保护，提高水产品的生存率，因此正在沿海等经济发达地区有效取代传统养殖方式。

养殖户侧：一方面水产养殖过程中电气设备用电压力大；另一方面水产养殖行业复杂的生产活动环境决定了其具有较高的不可控风险，因此对于相关生产数据的跟踪监测显得极为重要。目前水产养殖场对于水质、虾苗生长过程只能通过人工手动采样进行监测，采集频度较低，无法做到及时预警。

电网侧：如何针对此类水产养殖用户（无标准、全凭经验）开展合理用能指导，是乡村电气化推广试点的一个较为重要的切入点。同时结合水产养殖持续性供电需求，供电质量也是电网公司需要关注的重点。

政府及产业侧：没有水产养殖大数据，无法为数据挖掘、对比分析、精益化管理等水产养殖关键管控技术提供数据支撑；很难形成产业标准，进行大范围推广。

水产养殖涉及的主体包括电网公司、水产业主。电网公司对水产养殖过程中的用能、环境、安全等数据进行监测，并开展多维度能耗分析，为用户提供电价优化策略，同时对专用变压器运行情况及电压质量进行监测。水产业主对养殖场周边视频、温度等环境监控具有一定诉求，同时需要对池塘内水质、温度、含氧量等养殖相关参数进行监测，需要查看养殖场各类设备启停状态及能耗情况，对电价优化策略也有较为明确的需求。电网公司、水产业主对水产养殖用能需求如图 3–5 所示。

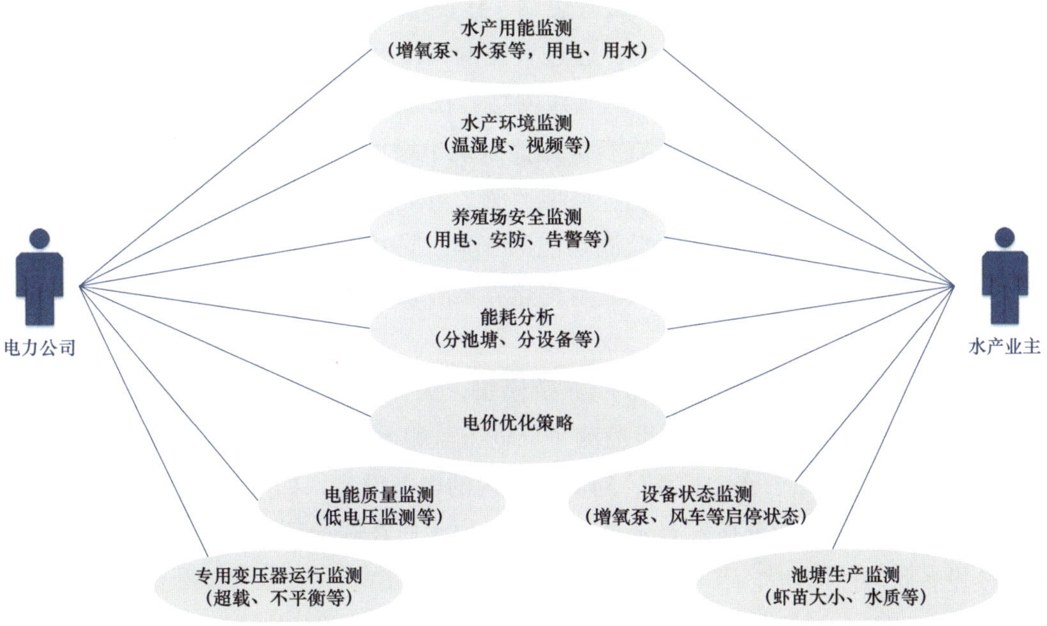

图 3–5　水产养殖用能需求

二、建设内容

（一）建设目标

（1）提升综合能效。通过水质监测机、电动增氧仪、水温传感器等电气化设备，改善养殖水质条件，提高养殖成活率及放养密度，增加养殖产品的摄食强度，使亩产提高，达到养殖增收的目的。

（2）提高生产效率。通过融合物联网基础设施和综合能源服务，创新水产养殖新模式，建立“政府支持—厂商参与—电网引导”的电气化水产养殖生态圈，推进产业标准化大规模生产。

（3）提升用能服务。通过推广应用具备感控功能的水产养殖电气化设备，实现水产养殖全产业链电气设备物联，监测智能化监控增氧机等电气设备运行状态和智慧用能信息，辅助水产养殖安全生产。

（二）建设概况

应用电增氧、电保温、水质智能监测等技术，实现水产养殖的全电化、自动化、智能化。安装设备6类，采集数据20余项。在养殖场补水池安装水质检测设备，采集池塘水温、水氧、pH、浊度、氨氮、亚硝酸盐、电导率、硫化氢数据；在养殖池分层安装水温传感器、水氧传感器，采集水温、水氧；在主要设备处分别安装导轨表，采集设备的用电数据；在场区内安装摄像头，实现场景实时监控；在配电房安装温湿度传感器、水浸和烟感，采集配电房环境信息。

（三）建设构架

电气化水产养殖建设按照物联“云管边端”建设部署，本地监测传感设备包括电能表、水表、温/湿度传感器以及摄像头等；通过智能网关以及NVR实现设备接入和数据采集；数据上传云端主要通过4G无线网络或有线网络；视频数据根据摄像头设备厂家方案采用NVR上送或视频云对接方式实现，在智慧用能系统中增加全电养殖区域模块，面向供电公司提供养殖区域用能监测、能效分析、环境监测、电能质量监测等功能，为养殖区域管委会开发养殖区域内环境及设备运行监测功能的App，同时提供按照设备种类等多维度用能监测，结合设备运行用能情况，提供成本优化方案建议，同时实现电气化建设、变压器检测、设备能耗等多维大屏展示。

云：智慧用能控制系统，增加水产养殖模块，为养殖户开发控制与检测一体的App；对示范点和推广点统一进行电能质量监测（低电压监测），专用变压器运行监测（超载、不平衡），池塘内水含氧量、水温监测，对养殖场内的电气设备，如增氧机、水车、水泵等进行用能检测，并进行能耗分析；对示范点单独增加水质在线检测，增加增氧机、水车、水泵等电气设备状态监测功能。

管：智慧网关与智慧用能云端可通过4G通信网络或有线网络进行通信，其也可实现传感网络到传统通信网络的协议转换，从而建立终端设备与智慧用能云端的快速通信管道。

边：现场设备与智能网关通过Zigbee（无线）或RS485（有线）进行通信，使其实现设备接入、数据采集、边缘计算、协同控制等功能。

端：统一安装分项智能电能表，进行介入式监测，实时采集电压、电流、电能示值、功率等数值；增加安装水温、水质、溶解氧传感器，实现相关参数的高频采集，及时预警风险；通过为设备回路安装智能能耗采集器，实现回路中设备的远程状态控制；通过为养殖场安装摄像头，实现现场状况的实时监控。

水产养殖智慧用能系统架构如图 3-6 所示。

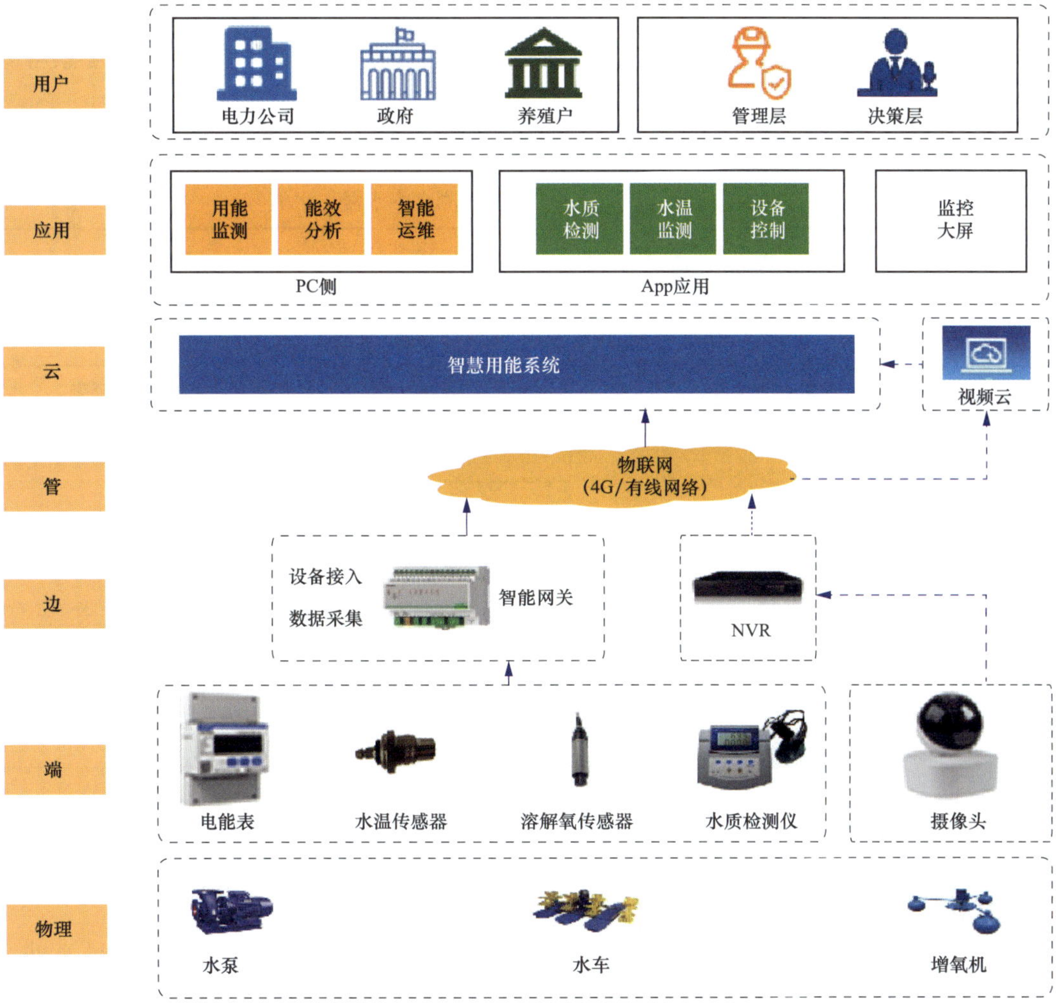

图 3-6　水产养殖智慧用能系统架构

（四）建设内容

1. 水产养殖智慧用能主要设备及安装位置和用途（见表 3-3）

表 3-3　　水产养殖智慧用能主要设备及安装位置和用途

序号	类别	设备名称	安装位置和用途
1	通信管理	4G 无线路由器	安装在能耗采集箱里，给能耗采集器上网传数据
2		电源模块	安装在能耗采集箱，给能耗采集器供电

续表

序号	类别	设备名称	安装位置和用途
3	通信管理	能耗采集器	安装在能耗采集箱，采集电表数据上传服务器
4		能耗采集箱	安装在现场空气开关电箱旁边，用于安装此表格里的设备
5	表计	三相导轨远传电能表	安装在能耗采集箱里，监测电量数据
6	传感器	水质监测	用于检测水中水温、水氧

2. **水产养殖智慧用能设备采集数据及采集频率（见表3-4）。**

表3-4　　水产养殖智慧用能设备采集数据及采集频率

序号	数据项分类	数据子项	采集频率
1	水产用能设备监测（电能表、水表、增氧泵、水泵、水车等）	电流	5min
2		电压	5min
3		电能示值（总、正、反、各费率）	5min
4		功率（有功、无功、功率因数）	5min
5		用水量、流速、水压	天
6	养殖池	温度	实时
7		含氧量	实时

3. **通信协议**

现场智能设备主要采用Zigbee（无线）、RS485（有线）两种方式与智能网关进行通信，协议使用HTTPs传输，无线传输采用JSON消息，有线通信方式支持的通信规约为Modbus-RTU及DL/T 645—2007。

4. **应用场景**

（1）用户端：养殖户可以通过App，实时掌握养殖区内环境信息，以及设备运行状态信息，以便及时调整养殖策略。另外还可通过App查看各设备历史用电信息和当前用电信息，以便进行对比分析，实现异常用能问题早发现、早排查、早解决，最终实现节能降耗、绿色环保、增产增收的目标。

（2）电网端：电网公司可通过智慧用能控制系统实现对养殖场内电气设备能耗进行长期有效不间断的远程监测。通过对采集数据进行分析，可以对能耗进行分析，为用户提供用电策略；也可以快速判断养殖户的用电行为，研判相关电气设备异常情况，从而提高供电质量，并及时实施监管应对措施。

（3）政府端：水产行业科研与管理投入滞后于水产养殖活动的快速发展，制约了政府对水产业管理的主动性，而基于水产业联网的大量传感器节点可以有效解决上述问题，通过发挥水产业联网对信息获取的实时性和精准性特点，为高效、节能、环保的水产养殖活动提供保障。

三、示范案例

（一）基本情况

国梁水产养殖场位于湖州市安吉县内，是一个以沼虾育苗为主的水产养殖基地，养殖场内共有 12 个池塘，其中 11 个为养殖池，1 个为补水池，总占地 93 亩。

（二）现场设备

养殖场内共装有水车 12 台、增氧泵 7 台、水泵 4 台，在育苗养殖中的水质检测、水氧含量、虾苗大小监测等过程基本全靠人工经验完成，无明确养殖标准。

设备部署主要有养殖场内的环境视频监控（育苗池水下探头），用电用水情况监测，水温、含氧量监测，计划增加补水池塘的水质检测，主要检测数据包括 pH 值、亚硝酸盐、氨氮含量等。同时，增加对变压器运行情况进行监测，保证全养殖过程供电质量。养殖场现场设备分布示意图如图 3–7 所示。

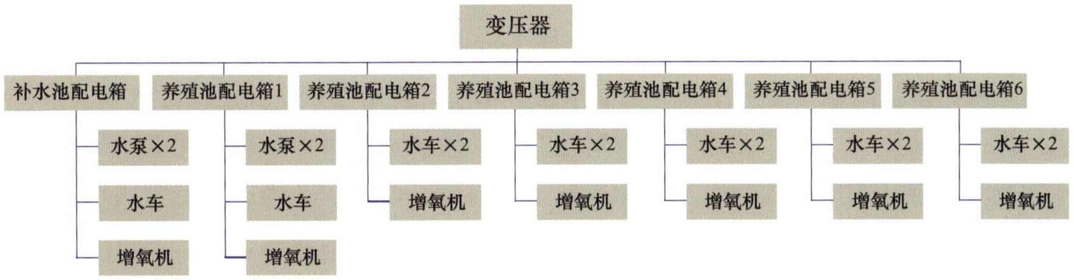

图 3–7　养殖场现场设备分布示意图

（三）成效分析

1. 初期投入

养殖场内现共装有水车 12 台、增氧泵 7 台、水泵 4 台，变压器。水车、增氧泵、水泵以及专用变压器属于已有设备，无须再投入，用户其他监测设备等合计投资 480 万元。

2. 运行成本

养殖场年用电量为 11.7 万 kWh，电费约为 8.6 万元；每年设备维护费用约为 40 万元；平均每人可管理 5 亩区域，每年人工成本合计约为 134 万元；饲料费用每年合计约 40 万元，冷链物流费用每年约 100 万元，合计运行成本约 322.6 万元。

3. 用户经济效益

该用户未进行电气化改造前，冷链物流投资为 80 万元，平均每人可管理 3 亩区域，每年人工成本合计约223万元，饲料费用为30万元，合计运行成本约333万元；年产量大约在12万t，销售收入约400万元。电气化养殖后，人工成本大幅降低至120万元，电气化养殖产量提升25%至15万t，销售收入提升至500万元，三年内可回收投资成本。

4. 社会效益

水产养殖的电气化智能化提升了养殖作业效率，水产品产量、质量、售价均有显著提高，最终实现了节能降耗、绿色环保、增产增收的目标，在促进水产养殖行业转型升级方面有着示范意义。

多年以来，水产行业科研与管理投入滞后于水产养殖活动的快速发展，制约了政府对水产业管理的主动性，而基于水产业联网的大量计量节点可以有效解决上述问题，通过发挥水产业联网对信息获取的实时性和精准性特点，为高效、节能、环保的水产养殖活动提供保障。

第三节　电排灌智慧用能

一、现状分析

传统的排灌方式绝大部分利用柴（汽）油抽水机进行农业排灌，环境污染比较严重，存在一定安全隐患，缺乏实时智能掌控，而且柴油泄漏有污染水质的风险。

用户侧：传统的电排灌采用人为判断水位、水质、土壤湿度，无法保障水泵及时排水、抽水操作，无法针对天气状况提前预警措施，容易造成水电资源浪费；配电变压器用电异常不能及时发现，用电持续性以及电能质量不能保障，耽误农业生产；需要实现排灌及时补给，保证排灌站正常运行，提高农产品成活率；实时监测水质水位、天气情况，提升泵站设备工作效率，优化能耗水平，节约用电成本。

电网侧：电网公司关注排灌站的供电质量、水泵的能耗情况、专用变压器的运行状态，供电公司通过用电实时监测、动态感知，结合当地负荷特性可实现泵站错峰用电，有益于电网稳定运行。

政府侧：需要保证用户安全可靠用电、提高农业生产电气化水平；结合天气数据，设备运行数据，智能规划灌溉需求用电，优化资源利用率。

电排灌涉及的角色包括电网公司和电排灌用户。电网公司对电排灌的用能、环境、安全等数据进行监测，并开展多维度能耗分析，对专用变压器运行情况及电能质量进行监测，为用户提供电价优化策略及设备异常预警服务。电排灌用户对水泵的整体能耗、区域、设备类型进行监测统计分析，通过错峰用电等电价优化策略进行节能；用户可结合实时天气、排灌用水需求、水质水位等参数信息分析预测灌溉需求，提前规划。根据现场设备安装及用户调研情况，电排灌用能需求如图3-8所示。

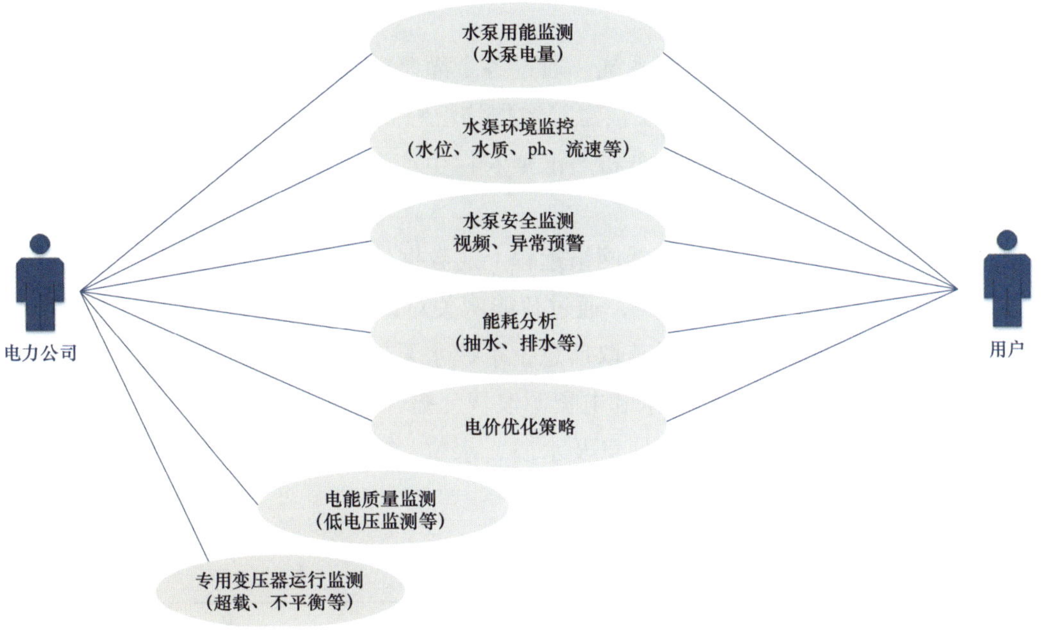

图 3-8　电排灌用能需求

二、建设内容

（一）建设目标

（1）提升综合能效。电排灌保护了土地资源和农村环境，是农业产业节能减排、实现乡村振兴的重要实践。

（2）提高生产效率。政府出资建设电排灌设备，鼓励农户出资购置电喷淋设备，发挥绿色金融的引导和放大效应，改变当地部分农户变压器超额使用的现状，降低能耗，促进农村生产、生活安全用电。

（3）提升用能服务。运用自动控制技术，实现智能化自动化电排灌。在排灌站池塘安装水位传感器，采集池塘水位数据；在水泵处分别安装导轨表，采集水泵的用电数据；在配电房安装温 / 湿度传感器、水浸和烟感传感器，采集配电房环境信息，做到数据实时传递、状态实时可控、指令实时可行。

（二）建设概况

应用电排灌、电滴灌、电喷淋、自动控制等技术，增强农业种植区排灌集中区取电点的设置，实现排灌设备取电便捷化，建设优化 10kV 电排灌站、380V 电排灌点，基本实现农田电排灌全覆盖。

（三）建设构架

建立物联网乡村电气化平台，通过对水质、水位、气象、互感器、电能表等感知层设备接入，集成智慧能源网关，数据上传云平台，用户通过 App 或 Web 端实时获取现场信息，做到提前规划生产。项目在电气化设备的基础上，支撑地理信息的全省域大数据分析，可指导有序错峰用电。

云：云端部署在智慧用能控制系统，通过各个灌溉站灌溉基础信息采集、智能网关交互信息、各个灌溉站水位信息、水质信息等数据均汇总到云端，实现对灌溉设备用能监测、用电量统计信息等数据存储和智能分析。汇聚农村生产灌溉数据，生成并下发农业节能灌溉策略，优化农业生产运行。

管：智能网关通过 4G、公网有线网络远程上送数据给智慧用能控制系统。

边：在试点灌溉站部署智能网关，通过智能网关对设备排灌各环节实时数据进行分析、统计，用户通过 App 或工作站实时获取信息，掌握水泵工作状态，实现乡村农业精益化生产，实时掌握排灌用水需求，减少水和电资源浪费，提升能效。

端：采集配电变压器运行监测信息及水质、水位、流量信息，水泵的实时（电压、电流、电能示值、功率等）参数。

电排灌智慧用能系统架构如图 3–9 所示。

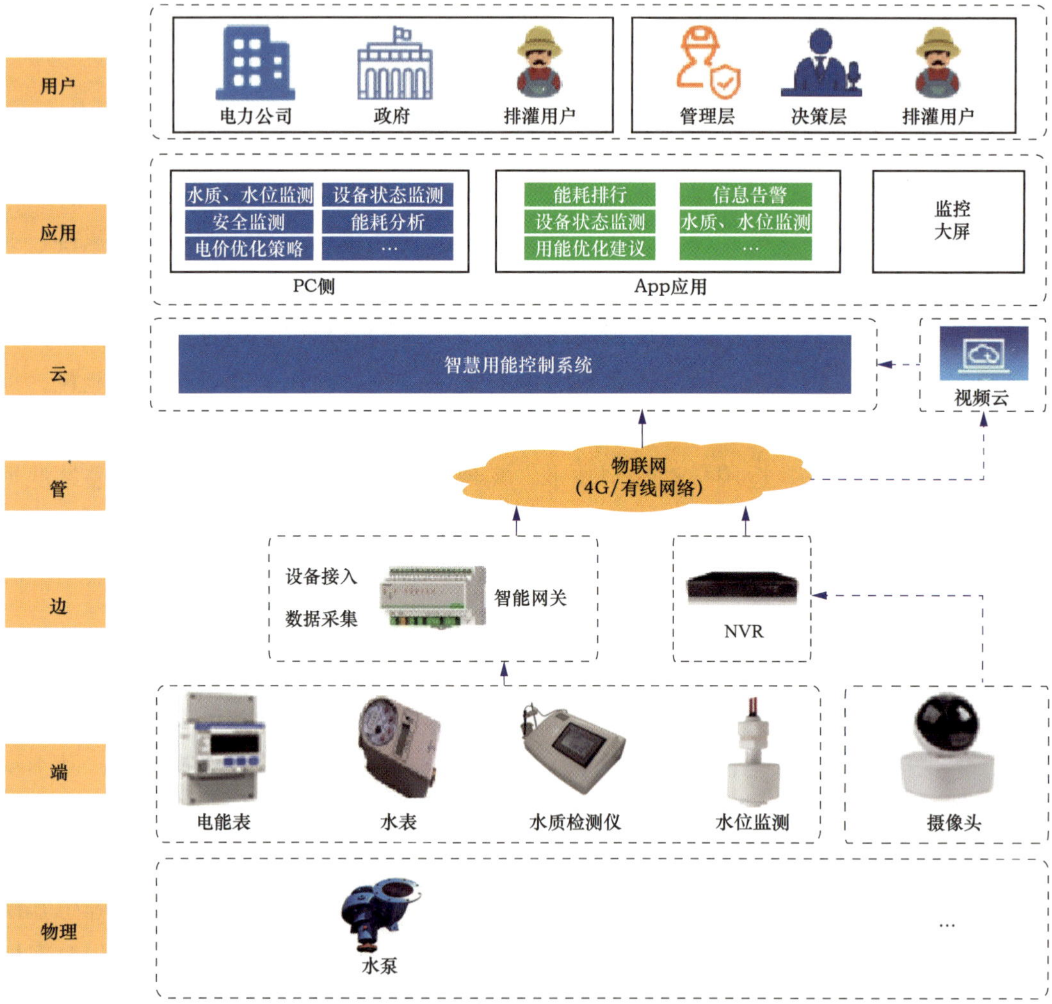

图 3–9　电排灌智慧用能系统架构

（四）建设内容

1. 电排灌智慧用能主要设备及安装位置和用途（见表 3-5）

表 3-5　　电排灌智慧用能主要设备及安装位置和用途

序号	类别	产品名称	安装位置和用途
1	通信管理	4G 无线路由器	安装在能耗采集箱里，给能耗采集器上网传数据
2		电源模块	安装在能耗采集箱，给能耗采集器供电
3		能耗采集器	安装在能耗采集箱，采集电能表数据上传服务器
4		能耗采集箱	安装在现场空气开关电箱旁边，用于安装此表格里的产品
5	监测设备	AI 模块	采集模拟量数据
6		水位监测	安装在房子下面河水里，用于监测水位高度
7	表计	三相导轨远传电表	安装在能耗采集箱里，监测电量数据
8		互感器	安装在能耗采集箱里，监测电量数据

2. 电排灌智慧用能采集数据及采集频率（见表 3-6）

表 3-6　　电排灌智慧用能采集数据及采集频率

序号	数据项分类	数据子项	采集频率（min）
1	水渠基本数据	水位数据	5
2	电能数据	三相电流	5
3		三相电压	5
4		正反向峰平谷	5
5		谐波	5
6		总无功、视在功率	5
7		总谐波含量	5
8		电压、电流不平衡度	5
9		功率因数	5

3. 通信协议

现场智能设备主要采用 Zigbee（无线）、RS485（有线）两种方式与智能网关进行通信，协议使用 HTTPs 传输，无线传输采用 JSON 消息，有线通信方式支持的通信规约为 Modbus-RTU 及 DL/T 645—2007。

4. 应用场景

（1）用户端：用户可通过智能终端，实时监测抽水、排水设备运行状况，在异常发生时及时采取措施，保证用电持续性及用能质量，避免水电资源的浪费，避免影响正常的农业生产；结合天气状况、水位水质信息，用户可以做到提前规划设备工作时间，保证用水正常补给 / 排出，提升泵站设备工作效率；结合能耗统计报表功能，可获知设备实际能耗水平，对相应设备进行处理，保证排灌站正常运行，节约用电成本。

（2）电网端：电力公司可实现对排灌站的供电质量、水泵能耗集专变的运行状态进行监控，及时处理异常状况；实时监控水质水位信息、结合天气数据，设备运行数据，智能规划灌溉需求用电，优化资源利用率，有益于电网稳定运行。

（3）政府端：充分运用天气、水质水位监测和人工智能分析技术，对高温及连续降雨天气进行预警，可保证农业生产安全进行；采用泵站大面积调节和水泵抽水实现农业电气化灌溉，为大面积推广农业抽水排灌打下良好基础，支撑现代农业发展；通过监测水流量情况，为水资源调配决策提供依据。

三、示范案例

（一）基本情况

天子湖镇位于安吉县北部，生态环境优越，植被覆盖率达 70% 以上，空气质量达到国家一级标准，水体质量保持在 I 类、II 类水平。一期计划建成农田排灌电气化站 5 个。

（二）现场设备

天子湖镇南北湖排灌站以及周边水渠控制闸试点，站内有 7 台水泵控制箱及 2 个水闸门，其中有 6 个抽水泵和 1 个排水泵。在此基础上部署电能表、水位、水质、闸门开合等监测设备。现场设备分布示意图如图 3–10 所示。

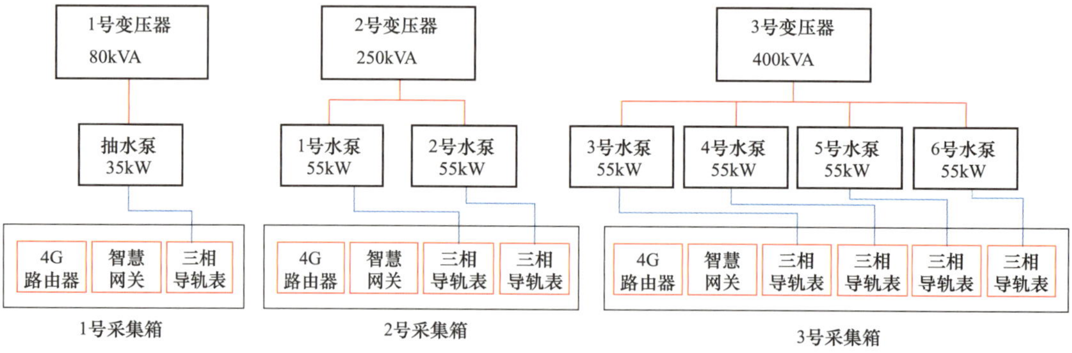

图 3–10　现场设备分布示意图

（三）成效分析

1. 初次投入成本

天子湖镇南北湖排灌站以及周边水渠控制闸试点，站内有 7 台水泵控制箱，其中抽水区 6 个水泵、排水区 1 个水泵。在配电房部署电能表、网关监测设备。以上设备均由政府投资建设，共计 70 万元。专用变压器以及配电房属于已有设备，无须再投资。

2. 运行成本

项目实施后可实现自动化运行，无须人工费用；设备年维护费用大约 10 万元。

3. 社会效益

运用天气智能预测、水质水位监测和人工智能分析技术，对高温及连续降雨天气进行预警，可保证农业生产安全进行；采用泵站大面积调节和水泵抽水实现农业电气化灌溉，为大面积推广农业抽水排灌打下良好基础；智能规划灌溉需求用电，优化资源利用率，有益于电网稳定运行，支撑现代农业发展。

第四章　乡村产业智慧用能

乡村产业兴旺是实施乡村振兴战略的重要基础，是解决农村一切问题的前提，是巩固提升全面小康成果的重要支撑，有助于不断提高我国农业农村发展综合效益和竞争力，推动我国从农业大国向农业强国转变。实施乡村电气化是发展乡村产业、促进产业兴旺的重要驱动力，坚持以清洁、高效、可持续为乡村产业用能目标，强化乡村特色产业生产、加工等环节电气化技术和服务产品研发，推动电能向更广泛领域渗透应用，切实把地方特色产业做成带动农民增收的产业，增强广大农民的获得感、幸福感、安全感。

推动乡村产业智能化提升，促成政府在竹木加工、农产品加工、高端椅业、乡村旅游等重点领域推动电能对化石能源的深度替代，实现年替代电量增加。在农产品加工方面，积极推动炒茶生产线全电加工、全自动温控等技术设备研发，推广炒茶专用变压器；在竹木加工方面，主动参与产业链前端，联合设备厂家改进电气化生产工艺，推进竹木品烘干、熏制、压制等锅炉实施“煤改电”；在乡村全域旅游方面，建成全电景区、全电民宿。

第一节　茶叶加工智慧用能

一、现状分析

茶叶制作加工在中国具有悠久的发展历史，在当前的经济发展背景下，制茶行业发展速度越来越快，在加速制茶工艺发展的同时针对制茶工艺应用也提出了新的要求。而通过对新型制茶工艺发展中的技术改进应用，运用电气化替代传统的薪柴制茶工艺已成为现有制茶工艺发展的必然趋势，杀青机、烘干机等机种在部分名优茶上应用也已得了良好效果。同时电气化制茶技术应用也为落实“绿水青山就是金山银山”的生态保障工作，为制茶工艺的可持续发展提供了有力支撑。

用户侧：用户希望淘汰燃烧生物质燃料等落后炒茶方式，通过使用电气设备，实现炒茶恒温、恒湿工艺管控，保证茶叶品质。在炒茶高峰期，有效控制电气设备用电量，希望节约成本，能保证用电可靠性以及电能质量。

电网侧：关注炒茶场的供电质量、炒茶户的用电安全情况、炒茶设备负荷情况、配电变压器的运行状态，在集中炒茶高峰时段，电网在满足用户高可靠用电需求的同时减少因负荷突增引起的线路损耗以及因设备引起的火灾发生。

政府侧：需要淘汰传统燃煤、燃油设施等不够环保的设备，提高炒茶场清洁能源使用占比，建设美丽乡村，实现清洁能源的深度覆盖。

茶叶加工智慧用能涉及的角色包括电网公司、炒茶场主。通过安装温湿度、用能监控等设备监测终端，电网公司对炒茶场的用能、环境、安全、光伏发电等数据进行监测，并开展多维度能耗分析，为用户提供电价优化策略。投运移动式储能设备，针对集中炒茶高峰时段电网负荷特点，减少电网峰谷差，满足用户高可靠用电需求。同时对配电变压器运行情况及炒茶场的电压质量进行监测。通过实时监测配电变压器及炒茶设备的运行状态，实现负荷超限等告警信息推送茶农，保障炒茶质量。电炒茶用能需求如图 4–1 所示。

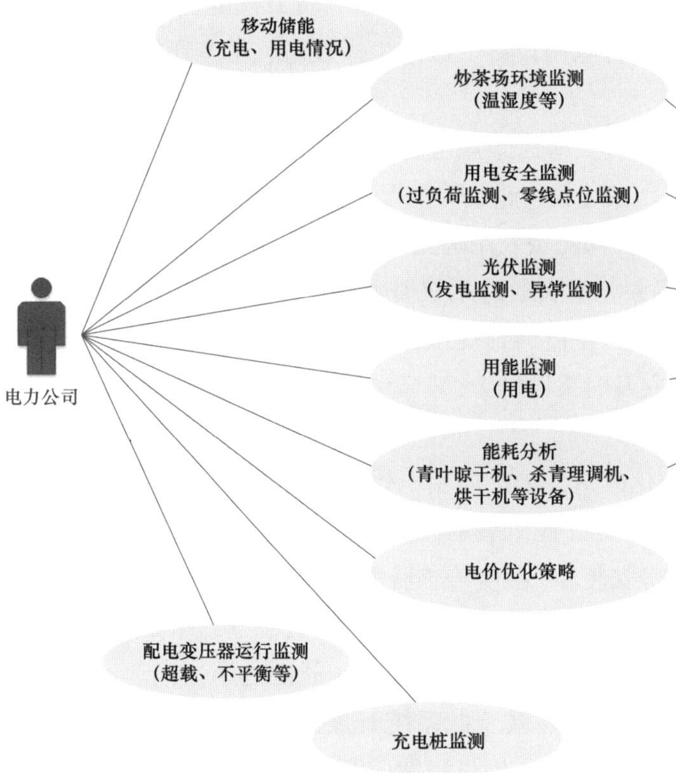

图 4–1　电炒茶用能需求

二、建设内容

（一）建设目标

（1）完成传统生产工艺改造。用户建设以电烘干、摊青机、杀青理调机、传送带全电化流水线技术为主的白茶加工基地，改造老旧设备。电网公司提供用能价格分析节能建议，实现茶农节能降耗，节约成本；淘汰燃烧秸秆、燃煤、燃气等其他能源炒茶方式，推广电能替代可行方案。

（2）促进安全生产可靠运行。通过实时监测配电变压器及炒茶设备的负荷和温度及故障状态，实现负荷、超限等告警信息推送茶农和运维人员，保障炒茶质量和生产运行安全及配网安全。

（3）实现多能互补绿色炒茶。通过建设投运移动式储能设备，针对集中炒茶高峰时段电网负荷特点，发挥光、电、储等多种能源的优势互补，减少电网峰谷差，满足用户高可靠用电需求，实现乡村源网荷储协调发展。

（二）建设概况

（1）推广应用新型智能炒茶设备。对现有炒茶装置进行智能化改造，实现炒茶过程的智能化、自动化。

（2）开展炒茶工艺及环境的全量监测改造。为智能化电炒茶使用的电烘干、摊青机、杀青理调机、传送带等设备配置分布式电源、小型储能装置，提升供电可靠性；安装温度、烟感、用能监控等监测终端，实现乡村电网设备、炒茶生产设备、生产环境、源荷储设备的在线监测，保障安全生产。

（3）开展茶厂智慧用能分析服务。实时采集用电量、温度、湿度等数据，在集中炒茶高峰时期通过在线监测变压器状态，在过载、超温等情况下及时告警，启动智能运维服务，由移动储能装置供电，实现多能互补，保障茶农用电安全。

（4）提供茶农信息共享互动服务。茶农通过手机查看炒茶设备状态、耗能、变压器、天气等信息，保障茶农用电运行安全；在监测到变压器过载、超负荷、超限、设备异常等情况下，自动推送告警信息，让茶农及时采取措施，避免生产损失，提升茶产品质量。

（三）建设构架

对传统炒茶生产工艺进行智能化改造，推广应用电烘干、摊青机、杀青理调机、传送带全电化流水线技术。炒茶点安装 6 类设备，采集数据 20 余项。在炒茶场外安装视频监控，采集炒茶场环境数据；在炒茶房安装温 / 湿度传感器和烟感传感器，采集炒茶房环境信息；在杀青机、烘焙机、摊青机机组处分别安装导轨表与温度传感器，采集炒茶设备的用电数据与设备温度；在总表处安装导轨表，监测炒茶户整体用能情况。

云：在专网部署智慧用能控制系统，并基于此系统开展茶叶加工智慧用能 Web 侧应用、智能 App 应用及监控大屏应用，为示范点提供用能监测、能耗分析、环境监测、安全监测、光伏监测、电价优化策略、设备状态监测等应用。为推广点用户提供用能监测、能耗分析。

管：智慧网关与智慧用能云端可通过 4G/5G 通信网络或有线网络进行通信。

边：现场智能设备主要采用 Zigbee（无线）、RS485（有线）两种方式与智能网关进行通信，协议使用 HTTPs 传输，无线传输采用 JSON 消息，有线通信方式支持的通信规约为 Modbus-RTU 及 DL/T 645—2007。智能网关通过 4G、公网有线网络远程上送数据给智慧用能控制系统。

端：在炒茶厂安装用能感知设备、介入及非介入式能效智能监测设备，包括 4G 无线路由器、电源模块、能耗采集器、能耗采集箱、温 / 湿度传感器、单相导轨远传电能表、三相导轨远传电能表、互感器等设备，将炒茶设备接入电力物联网，实现炒茶设备实时感知。

电炒茶智慧用能系统架构如图 4-2 所示。

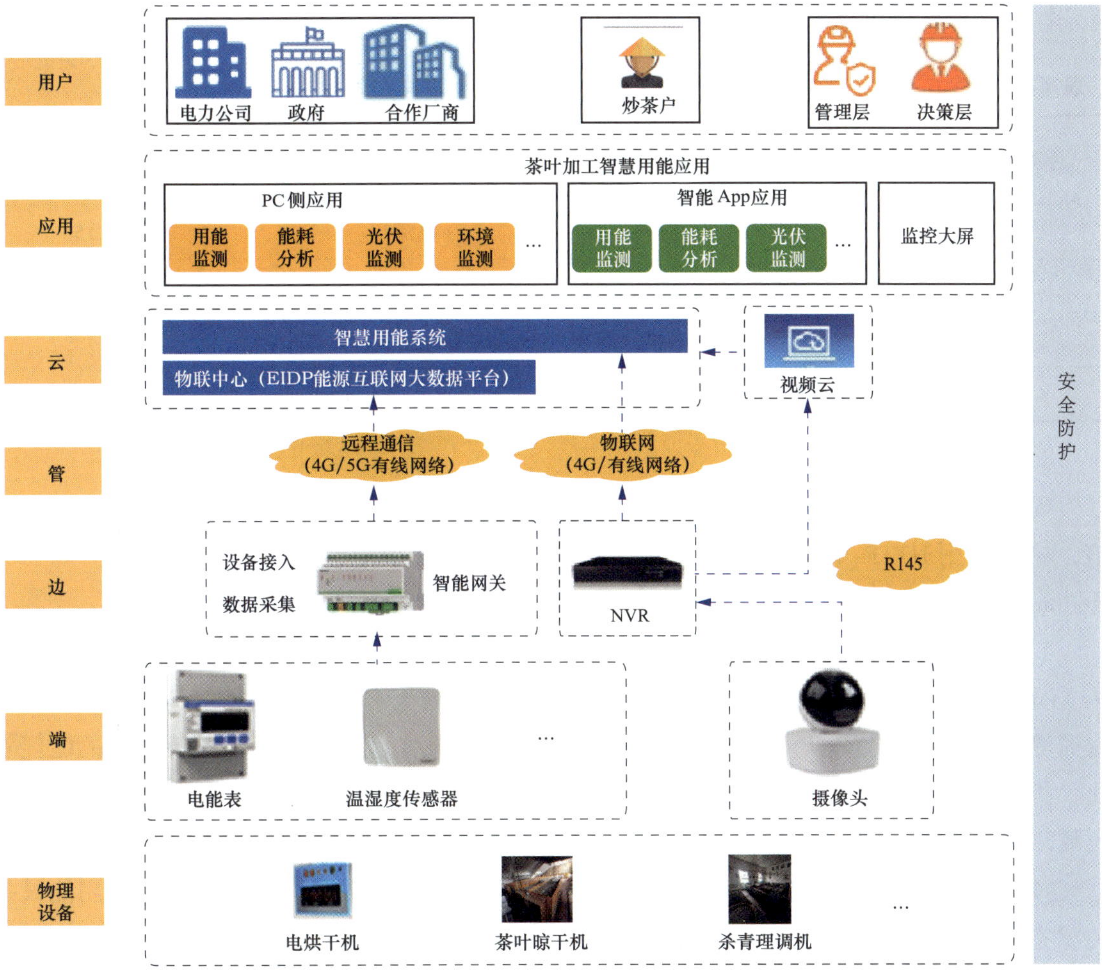

图 4-2　电炒茶智慧用能系统架构

（四）建设内容

1. 电炒茶智慧用能主要设备及安装位置和功能（见表 4-1）。

表 4-1　　电炒茶智慧用能主要设备及安装位置和功能

序号	设备名称	功能描述	安装位置
1	4G 无线路由器	给能耗采集器上网传数据	安装在能耗采集箱里
2	电源模块	给能耗采集器供电	安装在能耗采集箱
3	能耗采集器	采集电能表数据上传服务器	安装在能耗采集箱
4	能耗采集箱	用于安装此表格里的产品	安装在现场空气开关电箱旁边
5	三相导轨远传电表	监测电量数据	安装在能耗采集箱里
6	互感器	监测电量数据	安装在能耗采集箱里

2. 电炒茶智慧用能采集数据及频率（见表 4–2）

表 4–2　　电炒茶智慧用能采集数据及采集频率

序号	数据项分类	数据子项	采集频率（min）
1	电炒茶设备用能情况	电流	15
2		电压	15
3		电能示值（总、正、反、各费率）	15
4		功率（有功、无功、功率因数）	15

3. 通信协议

现场智能设备主要采用 Zigbee（无线）、RS485（有线）两种方式与智能网关进行通信，协议使用 HTTPs 传输，无线传输采用 JSON 消息，有线通信方式支持的通信规约为 Modbus–RTU 及 DL/T 645—2007。

4. 应用场景

（1）用户端：炒茶用户可以通过 Web 端或者 App 端查看炒茶场总体能耗情况，可以实时监测用能设备状态、实时能耗，了解微波杀青机、杀青理调机、烘干机等设备的能耗对比、排名，接收电网公司对其峰谷用电、阶梯用电的指导；当负荷异常、超容运行时，接收故障实时告警，及时发现问题。

（2）电网端：通过智慧用能控制系统 Web 端，实时采集和在线监测炒茶用户用能设备的状态、负荷、电压、功率、能耗等信息，及时发现配电变压器过载等异常，保障配网安全，并通过能耗分析帮用户提供节能策略。

（3）政府端：通过实施电能代替、电气化改造等方式，逐步淘汰传统燃煤、燃油设施设备，充分满足安全用电和清洁用能的需要，实现清洁能源的深度覆盖。

三、示范案例

（一）基本情况

蔓塘里的茶源项目占地 8 亩，建筑面积 3700m²，将打造成一个集茶叶加工、展示、销售于一体的综合项目。在蔓塘里集中炒茶点用户中推广应用能耗监测、移动式储能、在线监测、环境监测等技术，具备数据上传平台功能。

（二）现场设备

用户设备包括青叶晾干机 11 台、杀青理调机 10 台、烘干机 2 台、茶沫风机 1 台。

电网投资设备包括光伏车棚（11.5kW）一套、移动储能设备（125 ~ 525kWh）1 套、慢充桩 6 个。

现场设备分布示意图如图 4–3 所示。

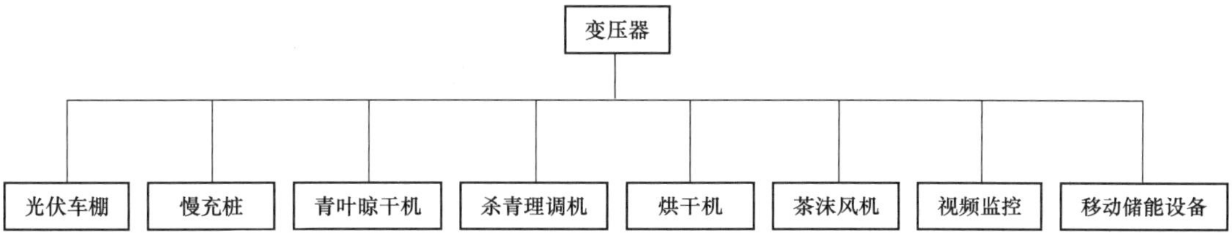

图 4-3　现场设备分布示意图

（三）成效分析

1. 初次投入成本

一套基本的电气化炒茶设备每日产量 25kg，白茶耗电量为 7kWh/kg，电费 2.2 元。茶农根据茶叶产量，平均配置摊青机 2 台、杀青理条机 2 台、烘干机 1 台，设备购置价格 6.3 万元，享受政府农机补贴后，实际投入 5.8 万元。

2. 运行成本

蔓塘里集中炒茶点占地面积 3700m^2，可供周边 42 户小散茶农集中加工。集中炒茶点单户茶农平均租金为 3.5 万元 / 年，户均年电费 0.44 万元，共计 3.94 万元。

3. 用户经济效益

平均每户茶农年产白茶 335kg，市场售价为 190 ~ 200 元 /kg，销售收入 26 万元。电炒茶平均销售价格较手工炒茶提升 10% ~ 20%，年增收 2.1 万 ~ 4.3 万元，茶农 2 ~ 3 年即可收回投入成本，并略有盈余。

4. 社会效益

自动化炒茶作业效率较人工炒制提升 10 倍，茶叶品质稳定。安吉县共建设白茶全电加工流水线 3700 余条，电气化炒茶设备随同茶苗扶贫，推广到云贵川等三省五县，助力当地脱贫致富。

第二节　竹制品加工智慧用能

一、现状分析

传统的竹制品企业以燃煤锅炉为主要加热设备，对周遭环境一定程度上造成影响与破坏，也制约了区域经济的可持续发展。近年来，随着公众环保意识的增强，国家也相继出台了更加严格的相关环保法律及政策，竹制品产业的转型升级刻不容缓。供电公司积极联合相关政府部门共同推进竹制品企业电能替代工程，通过推进竹木品烘干、熏制、压制等工艺锅炉电能替代，应用电加热导热油技术、自动温度控制技术、空气能热泵技术，推广竹木制品企业电气化改造。

用户侧：现场用能设备种类众多，无法掌握各类能耗设备的用能情况。

电网侧：关注竹制品厂的供电质量、用电情况、配电变压器的运行状态。

政府侧：推进竹制品加工产业煤锅炉淘汰，减少环境污染，提升产业能效利用水平，是政府的主要关注点。

竹制品厂的用户需求如图 4-4 所示。

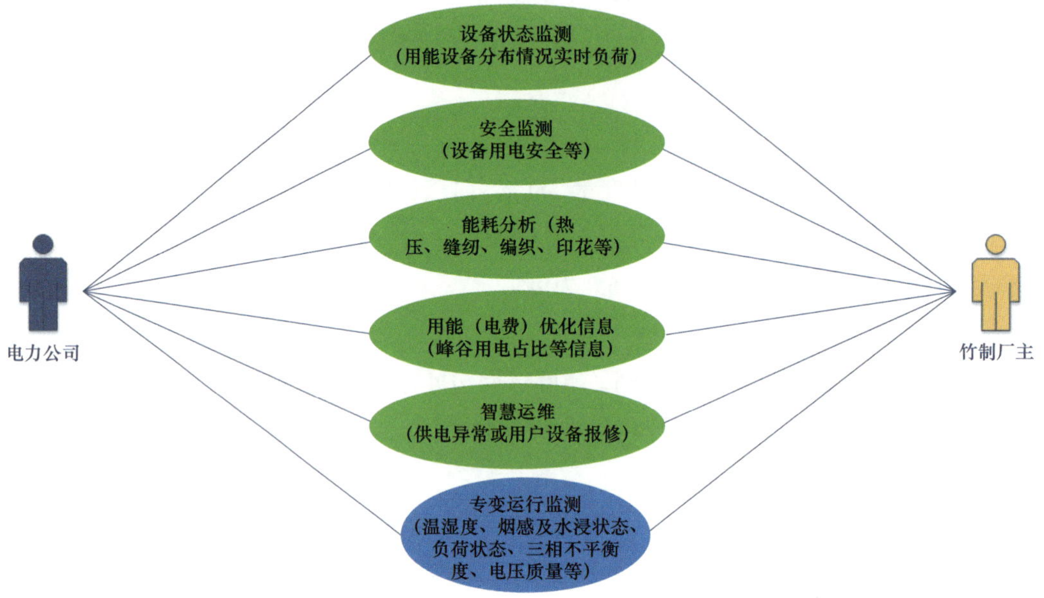

图 4-4　竹制品厂的用户需求

二、建设内容

（一）建设目标

（1）推进小锅炉智能用电改造。通过推进竹木品烘干、熏制、压制等工艺锅炉电能替代，应用电加热导热油技术、自动温度控制技术、空气能热泵技术、综合用能在线监测控制技术推广竹木制品企业电气化改造，通过用能价格分析提供节能建议，实现用户节能降耗，节约成本；取代竹木制品燃油（煤）锅炉，推广智慧用能方案。

（2）实现竹木制品加工安全生产。通过实时监测专用变压器及竹木制品加工设备（电锅炉、热泵）的状态、负荷和温度，实现超负荷、超温、超限等告警信息推送至用户和运维人员，保障竹木制品质量和竹木制品生产加工安全及电网安全。

（3）推动竹木制品绿色智慧加工。通过对传统燃油（煤）锅炉的改造，减少环境污染，实施智能用电项目，提升能效利用水平，促进竹木制品企业加工节能减排，保护绿水青山。

（二）建设概况

积极争取政府财政支持，采用电加热导热油技术、直热式电热技术、空气能热泵技术，推广竹木制品产业锅炉电能替代，建设竹制品锅炉电能替代集聚区。

（三）建设构架

对各工区、专用变压器、配电房进行监测，安装三相导轨表、环境传感器，采集数据

10余项。在各工区分电箱安装三相导轨表，采集电锅炉区、热压区、印花区、缝纫区、编织区用电数据，在配电房安装温/湿度传感器、水浸、烟感，采集配电房环境信息。

云：在智慧用能平台，对竹制品厂用能进行监测，包括总的用能和分类细化用能，并进行能耗分析。对竹制品厂环境实现分区展示，实现烟感等报警信息的一键推送。

管：智慧网关与智慧用能云端可通过4G通信网络或有线网络进行通信。

边：现场设备与智能网关通过Zigbee（无线）或RS485（有线）进行通信，实现设备接入、数据采集、边缘计算、协同控制等功能。

端：对竹制品厂示范点和推广点安装各类分项智能电表，实时采集电压、电流、电能示值、功率等数值；安装温/湿度等传感器，实现配电房环境参数采集。

物理设备：示范点主要用能设备包括电导热油锅炉、热压机、编织机、印花机、缝纫机。

竹制品加工智慧用能系统架构如图4-5所示。

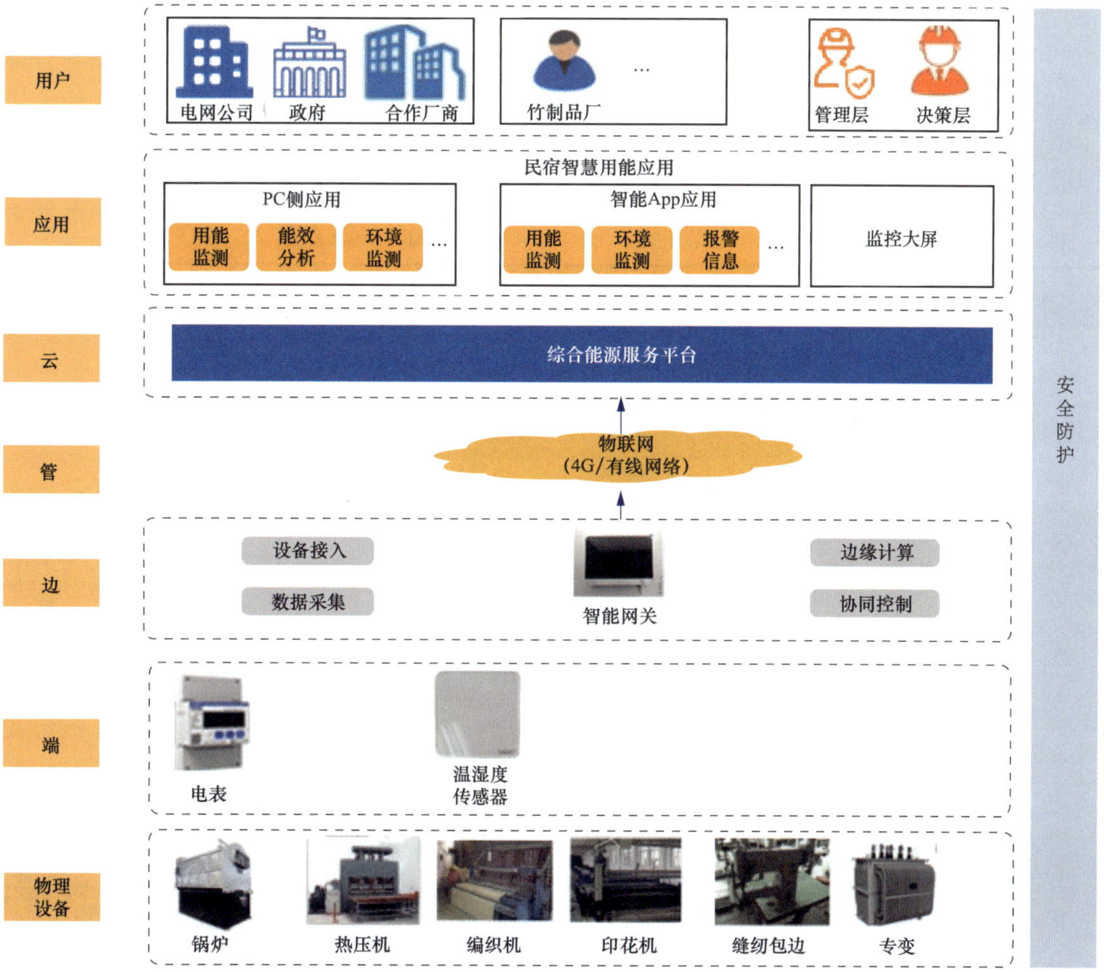

图4-5　竹制品加工智慧用能系统架构

（四）建设内容

1. 竹制品加工智慧用能设备主要设备及安装位置和功能特点见表 4–3。

表 4–3 竹制品加工智慧用能设备

序号	类别	产品名称	备注
1	通信管理	4G 无线路由器	安装在能耗采集箱里，给能耗采集器上网传数据
2		电源模块	安装在能耗采集箱，给能耗采集器供电
3		能耗采集器	安装在能耗采集箱，采集电能表数据上传服务器
4		能耗采集箱	安装在现场空气开关电箱旁边，用于安装此表格里的产品
5	传感设备	三合一传感器（温度、湿度、光强）	安装在配电房内，监测温 / 湿度等环境信息
6	表计	单相导轨远传电能表	安装在能耗采集箱里，监测电量数据
7		三相导轨远传电能表	安装在能耗采集箱里，监测电量数据
8		互感器	安装在能耗采集箱里，监测电量数据
9	用电安全	漏保开关	安装在用户总表处

2. 竹制品加工智慧用能采集数据及采集频率（见表 4–4）

表 4–4 竹制品加工智慧用能采集数据及采集频率

序号	数据项分类	数据子项	采集频率（min）
1	用能监测	电流	15
2		电压	15
3		电能示值	15
4		功率（有功、无功、功率因数）	15
5	变压器运行状态	有功功率	15
6		无功功率	15
7		功率因数	15
8		最大需量值	15
9		电流	15
10		电压	15

3. **通信协议**

现场智能设备主要采用Zigbee（无线）、RS485（有线）两种方式与智能网关进行通信，协议使用HTTPS传输，无线传输采用JSON消息，有线通信方式支持的通信规约为Modbus-RTU及DL/T 645—2007。

4. **应用场景**

（1）用户侧：①竹制品厂能耗监测，竹制品厂管理人员可查看厂区整体和分区（热压区、编织区、缝纫区、印花区）以及重点设备的用能情况、多维度进行能耗排名对比分析，使管理人员了解厂区的重点用能设备；②竹制品厂安全监测，通过烟雾传感器实时监测厂区是否有火灾隐患及时通知用户，加强厂区安全。

（2）电网侧：①变压器运行健康度分析，对变压器的电压质量、三相不平衡度、功率因数等运行数据进行监控，常态化了解竹制品厂变压器运行健康状态，为用户提供设备运维服务，拓展营收渠道；②配电房安全监测，对配电房的温度、湿度、水浸、烟感进行实时监测，发生异常时及时告警，保障厂区的供电设备安全运行。

三、示范案例

（一）基本情况

安吉家辉竹制品厂位于湖州安吉县某街道，工厂主要经营竹制品加工、销售，以竹凉席的生产、研发为主，产品包括凉席、藤席、竹枕套等系列。

工厂主要的工艺流程包括竹丝分选、编织、压布、印花、缝纫包边。其中分选由人工完成，编织机共15台，压布机2台，印花机3台，缝纫机18台。

（二）现场设备

工厂按工序分成四区，设备在各区分布情况如下：

（1）编织区：装设1台智能电能表，监测编织区总能耗，主要能耗设备为15台编织机。

（2）压布区：装设2台智能电能表，1台监测压布区总能耗，主要用能设备为2台热压机，另1台监测电导热油锅炉能耗。

（3）缝纫区：装设1台智能电能表，监测编织区总能耗，主要能耗设备为18台缝纫机。

（4）印花区：装设1台智能电能表，监测编织区总能耗，主要能耗设备为3台印花机。

现场设备分布如图4-6所示。

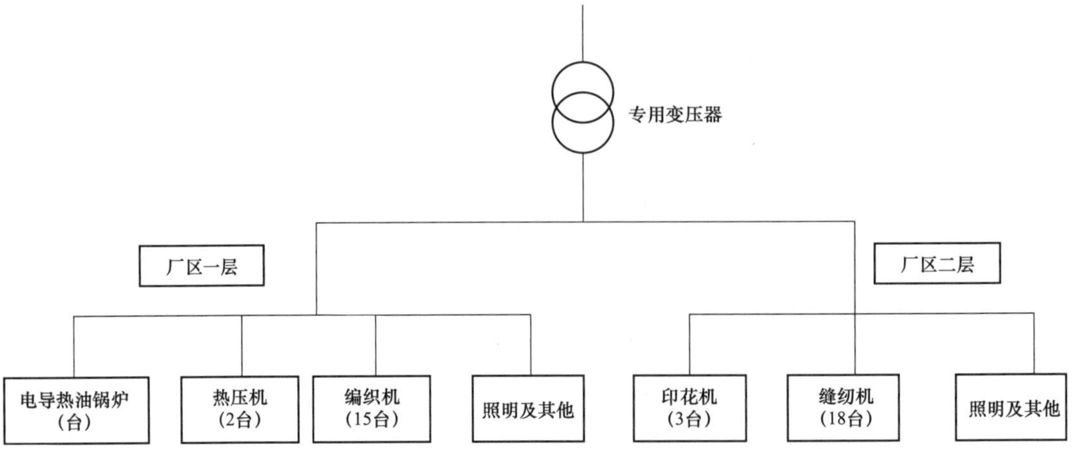

图 4-6　现场设备分布示意图

（三）成效分析

1. 运行成本

设备运维成本主要包含设备巡视维修更换及服务费，每年 1 万元，设备监测等通过智慧用能 App 完成，无人工费用。

2. 用户经济效益

智慧用能系统的应用，为企业降低了安全生产风险，可实时了解用电设备状态数据，对有问题的设备及时进行维修更换，避免因设备故障损坏引发安全事故或影响生产，提高生产效率，间接提高了企业的经济效益。

3. 社会效益

企业生产电气化规模的扩大与智慧用能的运用，提高了社会生产力，降低了企业员工作业强度，促进了安全稳定生产，实现“减员、增效、提质、保安全”的目的。清洁能源的使用也减少了环境保护的压力，成为新的产业优化升级和经济持续增长的动力之源，对促进产业结构调整、推进工业转变发展方式等具有重要意义。

第三节　全电民宿智慧用能

一、现状分析

在国家政策支持和市场需求的双重推动下，乡村旅游成为一种新趋势、新潮流。民宿旅游作为乡村旅游的风口，是现代人体验原汁原味乡村生活的全新载体，日益显示出它的独有魅力，对推进国家乡村振兴、带动全域旅游新发展，都起到重要作用。为增加民宿对游客的吸引力，打造古朴自然的原生态环境，各种木制结构必然不少，防明火成为阻碍民宿发展的大问题。同时，游客在追求自然情怀的同时，并不愿意放弃现代化家电设备带来的舒适便捷，全电化模式逐渐成为民宿发展用能的共识。

民宿商户侧：民宿电气设备种类众多，商户不能掌握各类能耗设备的用能情况，缺乏有效的技术手段帮助对入住客户提供更加贴心细致的服务。

房客侧：客户外出时无法掌握房间环境参数、设备运行状态、缺乏更舒适的住宿体验。

电网侧：电网公司需要对民宿进行重点用能监测，从而为用户提供能效分析、电价优化策略，推进民宿的电能替代水平，进一步拓展综合能源服务。通过各行业用能数据采集、分析，总结行业特征，将电网企业电能替代、节能、综合能源等业务在行业进行推广。

政府侧：民宿分布较为分散，政府需要掌握各民宿的具体用能情况及客流量等运营状况，有针对性地出台行业政策。

全电民宿涉及的角色包括电网公司、民宿商户和民宿住户。电网公司对民宿的用能、环境、安全、光伏发电等数据进行监测，并开展多维度能耗分析，为用户提供用能优化策略及设备异常智能运维服务，同时对民宿的电压质量进行监测。民宿商户对各个房间的场景模式及设备运行状态进行监测，查看民宿能耗情况及用能优化策略，设备故障时进行一键报修。民宿住户对单房的设备状态进行监测，查看单房环境参数及模式状态。

全电民宿的用户需求如图 4-7 所示。

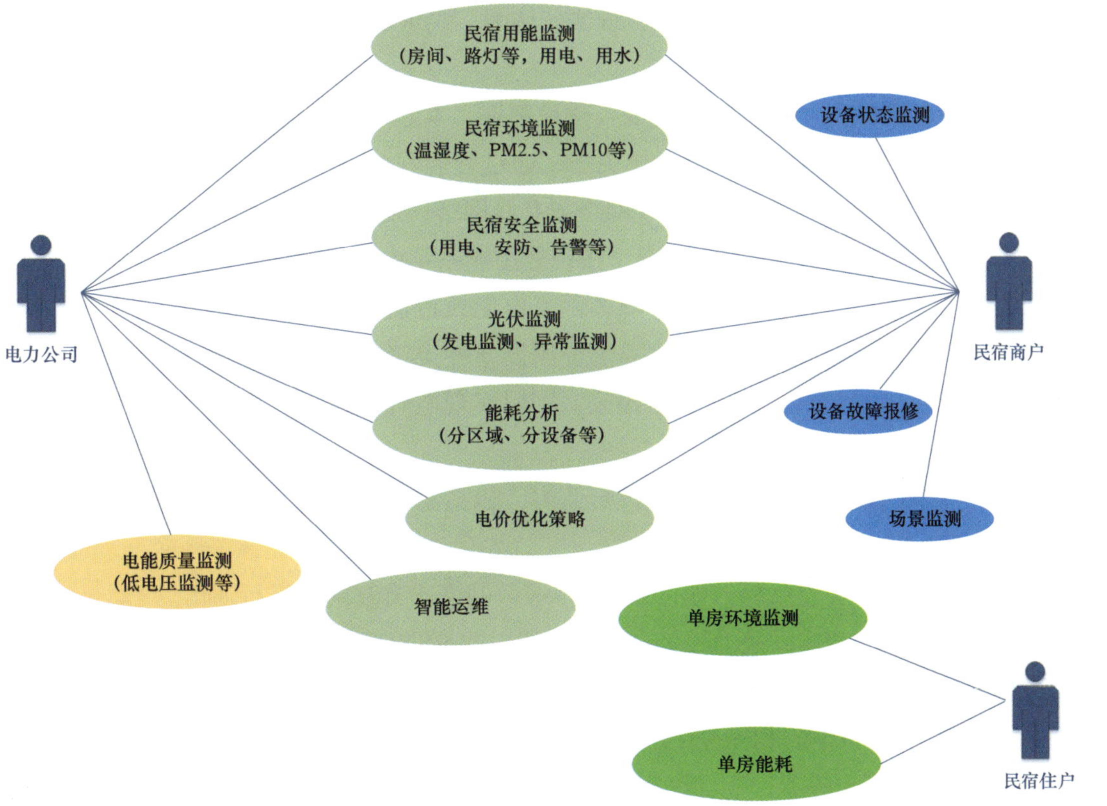

图 4-7　全电民宿的用户需求

二、建设内容

（一）建设目标

（1）拓展智慧用电场景。通过智慧控制器可自动控制一键实现预先设计的各种场景（回家、离家、会客、娱乐、休闲、睡眠等模式），住户对窗帘、灯光实现本地 / 远程智能控制，并通过对空气温 / 湿度等的监测控制空调运行，提高住户舒适度。

（2）提升智慧用电能效。通过安装采集装置，采集各回路，包含空调、照明等的电压、电流、功率、电量的实时监测，可通过远程终端进行用能分析，并进行节能策略优化，预计减低用电成本 20% ~ 30%，并且通过手机可以随时关注电压电流波动以及时发现用电异常，防止电器事故的发生。

（3）提高智慧安防水平。采用云视频监控系统，通过数字可视化系统提升安全等级，确保住户及周边整体安全，可以远程手机监控。安装智能烟感探测器，自动感知烟雾蜂鸣报警，并将消息推送到终端手机，及时告知火情，提醒客人及时离开危险区域，避免意外火灾对民宿带来的损失。

（二）建设概况

全电民宿通过利用空气能热泵、电制冷、电制热、全电厨房、电动充电等设备技术，集中性多样化展示电厨房、绿色照明等电能替代、节能环保的具体综合应用，提升电能在终端能源中的应用比例，建成集住宿、餐饮、休闲、娱乐于一体的综合性场所。

（三）建设构架

全电民宿建设按照物联“云管边端”建设部署，本地监测传感设备包括电能表、水表、温 / 湿度传感器、光强传感器以及摄像头等；通过智能网关以及 NVR 实现设备接入和数据采集；数据上传云端主要通过 4G 无线网络或有线网络；视频数据根据摄像头设备厂家方案采用 NVR 上送或视频云对接方式实现。在智慧用能系统中增加全电民宿模块，面向供电公司提供民宿用能监测、能效分析、环境监测、电能质量监测等功能，为民宿主开发室内环境及设备运行监测功能的 App，同时提供按照设备种类等多维度用能监测，结合民宿实际需求与用能情况，提供成本优化方案建议，同时实现电气化建设、变压器检测、设备能耗等多维大屏展示。

云：在智慧用能平台对民宿用能进行监测，包括总的用能和分类细化用能，并进行能耗分析，并对民宿环境实现分区展示。

管：智慧网关与智慧用能云端可通过 4G 通信网络或有线网络进行通信。

边：现场设备与智能网关通过 Zigbee（无线）或 RS485（有线）进行通信，实现设备接入、数据采集、边缘计算、协同控制等功能。

端：安装各类分项智能电能表，实时采集电压、电流、电能示值、功率等数值；安装温 / 湿度、PM2.5 等传感器，实现民宿环境参数采集。安装摄像头，实现民宿公共区域现场状况的实时监控。

物理设备：民宿示范点的主要用能设备有热泵、空调主机、照明、全电厨房。

全电民宿智慧用能系统架构如图 4-8 所示。

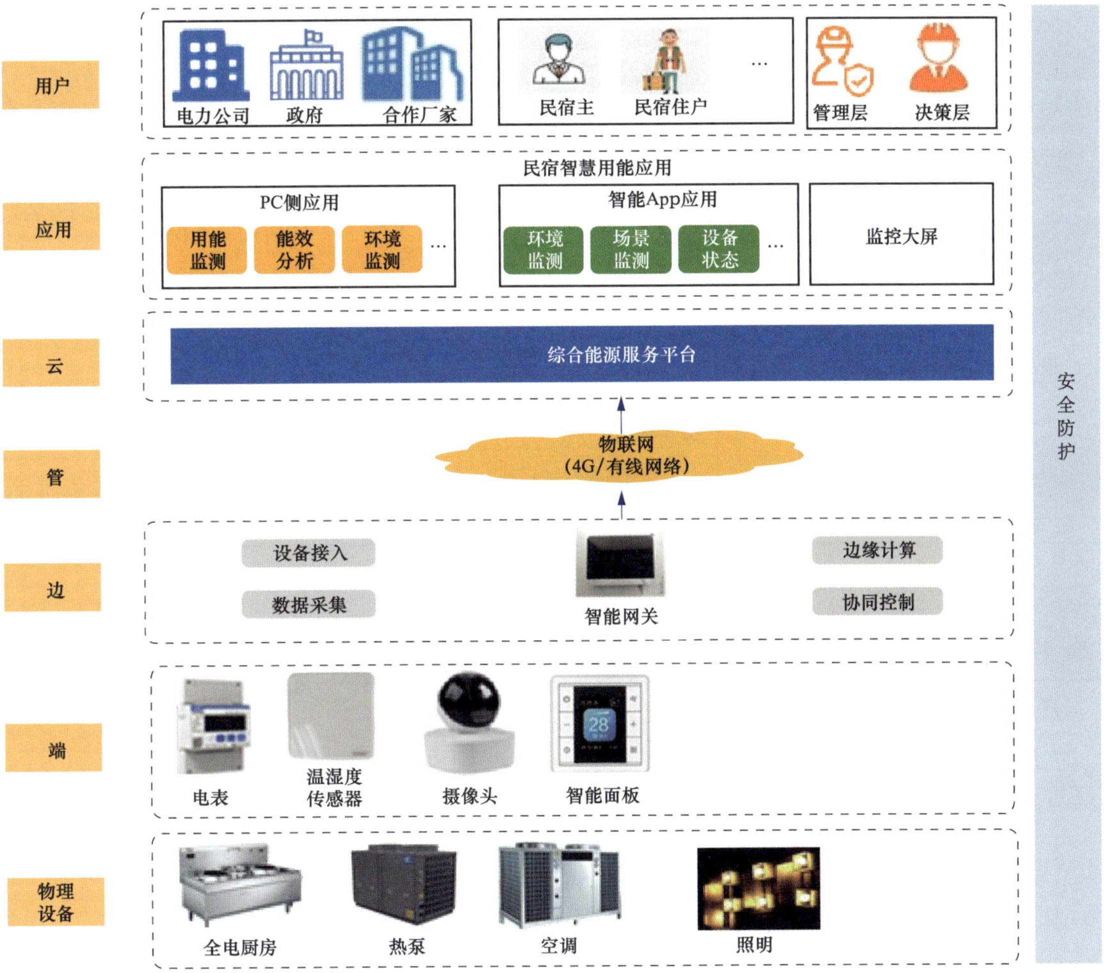

图 4-8　全电民宿智慧用能系统架构

（四）建设内容

1. 全电民宿智慧用能设备安装位置和用途（见表 4-5）

表 4-5　全电民宿智慧用能设备安装位置和用途

类别	产品名称	安装位置和用途	备注
通信管理	电源模块	安装在能耗采集箱，给能耗采集器供电	
	4G 无线路由器	安装在能耗采集箱里，给能耗采集器上网传数据	

续表

类别	产品名称	安装位置和用途	备注
通信管理	能耗采集器	安装在能耗采集箱，采集电能表数据上传服务器	
	能耗采集箱	安装在现场空气开关电箱旁边，用于安装此表格里的产品	
表计	单相导轨远传电能表	安装在能耗采集箱里，监测电量数据	客房和各个区域
	三相导轨远传电能表	安装在能耗采集箱里，监测电量数据	空调室外机，热泵、总电箱
	互感器	安装在能耗采集箱里，监测电量数据	配套三相导轨远传电能表使用
	水表	安装在总用水管道，监测总用水量	配套三相导轨远传电能表使用

2. 全电民宿智慧用能采集数据及频率（见表 4–6）

表 4–6　全电民宿智慧用能采集数据及频率

序号	数据项分类	数据子项	采集频率（min）
1	民宿用能监测[总表、各个房间、全电厨房，重点能耗设备（如空调主机、热泵等）]	电流	15
2		电压	15
3		电能示值	15
4		功率（有功、无功、功率因数）	15
5		用水量	15

3. 通信协议

现场智能设备主要采用 Zigbee（无线）、RS485（有线）两种方式与智能网关进行通信，协议使用 HTTPs 传输，无线传输采用 JSON 消息，有线通信方式支持的通信规约为 Modbus–RTU 及 DL/T 645—2007。

4. 应用场景

（1）用户端：①民宿商户分类设备、分区用能监测，包括 14 个客房、公共区域、路灯、全电厨房、热泵、中央空调主机等；②对光伏系统、充电桩系统监测；③接收民宿过负荷，低电压、三相不平衡等异常告警信息；④查看房间用电状态、环境参数、公共区域实时监控；⑤查看民宿排名，用能优化策略。

（2）电网端：①民宿各类重点能耗设备、各房间区域用能监测，及民宿供电质量、负荷情况，管控变压器运行状态；②对光伏系统、充电桩系统状态监测；③民宿能耗分析，电能优化策略；④民宿过负荷，低电压、三相不平衡等异常信息显示、统计分析、告警。

三、示范案例

（一）基本情况

横山坞半日村全电化民宿村落位于灵峰国家级旅游度假区，是一座集高端休闲旅游、艺术文化创意于一体的民宿村落，建设 71 幢民宿建筑，总占地 161 亩。电网公司与民宿主主动对接，与民宿村落确定“智慧 · 绿电”发展主线，全面推进民宿内厨房、制冷取暖及生活热水电能替代，推介高效节能电气，并进行智能化改造；推动村落配套建成光伏车棚、充电桩、风光储一体化路灯等公共绿色用能配套设施，充分提高清洁能源利用效能。

（二）现场设备

现场设备分布如图 4–9 所示。

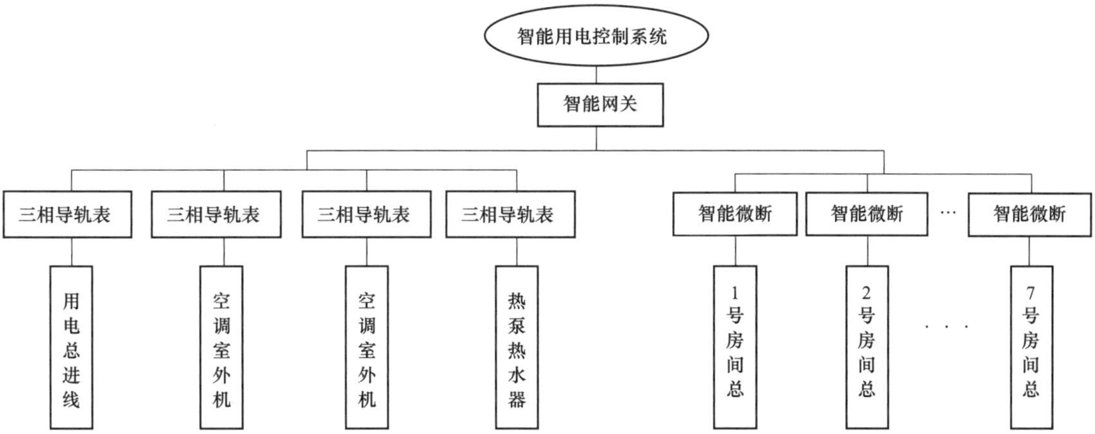

图 4–9　现场设备分布示意图

（三）成效分析

1. 运行成本

以村落内某民宿为例，该民宿占地面积约 1000m^2，客房 14 间，投入成本 680 余万元。其中，装修、家具采购、绿化景观等设施建设费用 640 万元。

该民宿电气化智能化改造费用 40.43 万元。除常规电器产品外，重点对厨房、民宿内制冷制热、生活热水等设备进行全电化建设。其中电厨房购置费 4.43 万元；供水、制冷供暖采用空气源热泵系统、水空调等节能设备，加上电视、冰箱等其他电器，购置费投资 36 万元。

2. 运行成本

该民宿年运行成本 70 余万元，其中电费 9.1 万元，其他物资购置、人工费、维修维护费等 61 万元。通过使用节能型电气化设备，配置全屋用电设备智能化“一键式”控制功能，使民宿管理更为便捷，电厨房用能成本较管道天然气节约 28.5%。

3. 用户经济效益

该民宿自 2019 年 9 月投运，通过智慧用能 App，根据客房能耗排名推出“绿电积分”奖励，用于房费抵扣、美食兑换、共享电动车等消费，提供多样绿色用能互动体验，吸引更多的“回头客”。目前民宿月平均营收 25 万元，预计年营收 300 万元，扣除运营成本，收益为 230 万元，成本回收周期 3 年。

4. 社会效益

整个横山坞村集体经济收入 684.4 万元，为当地村民提供就业岗位 200 余个，农民人均纯收入 33028 元。村落年节约标准煤 2100t，减排二氧化碳 5460t、二氧化硫 17.8t、氮氧化硫 15.5t，村庄发展有了持久的生命力。

第四节　全电景区智慧用能

一、现状分析

随着旅游资源的不断开发，旅游景区内散烧煤、瓶装煤气、燃油、柴薪等非清洁能源消费不断增加，给景区环境、安全带来严重威胁。景区内人流密集，采用燃气、煤、柴油等作为燃料，明火燃烧存在极大的火灾隐患，灌装煤气等使用不当易导致燃爆事故，且伴随大量有害物质的排放，严重影响了景区的发展。针对景区在用能安全和用能清洁性方面要求较高，在人流密集的旅游景区大力推广电能替代、节能环保技术，建设绿色环保型全电景区，可以取得较好的示范效果，对节能减排、环境保护、可持续发展具有重要意义。

用户侧：传统景区的燃煤、燃油设施设备不够环保，需要将其逐步升级为电锅炉、电炊具等设备组成的全电厨房、电动车、智能照明等环保设备。同时，酒店、滑雪场等区域具有较大的供热和供冷需求，不清楚能耗流向，希望在利用清洁能源等技术进行电能替代的同时可以有效控制电气设备的用电量，能够节约成本。在配电变压器出现问题时，不能及时预判设备出现问题，缺乏专业的运维能力。

电网侧：对于景区的供电情况，电网不能及时发现配电变压器负荷超限现象，不能保障配网持续供电，不能通过能耗分析帮用户提供节能策略。

政府侧：需要淘汰传统景区燃煤、燃油设施等不够环保的设备，提高景区清洁能源使用占比，有效减少大气污染，满足用户安全可靠用电、清洁用能的需要，实现清洁能源的深度覆盖。全电景区涉及的角色包括电力公司、景区商户。通过安装智能电能表、传感器等设备对设备的运行状态、景区的用能、环境、安全等数据进行监测，并开展多维度能耗分析，同比、环比、排名分析，发现能耗漏洞，挖掘节能潜力，同时对配变运行情况进行监测，为用户提供电价优化策略及设备异常预服务。全电景区的用户需求如图 4-10 所示。

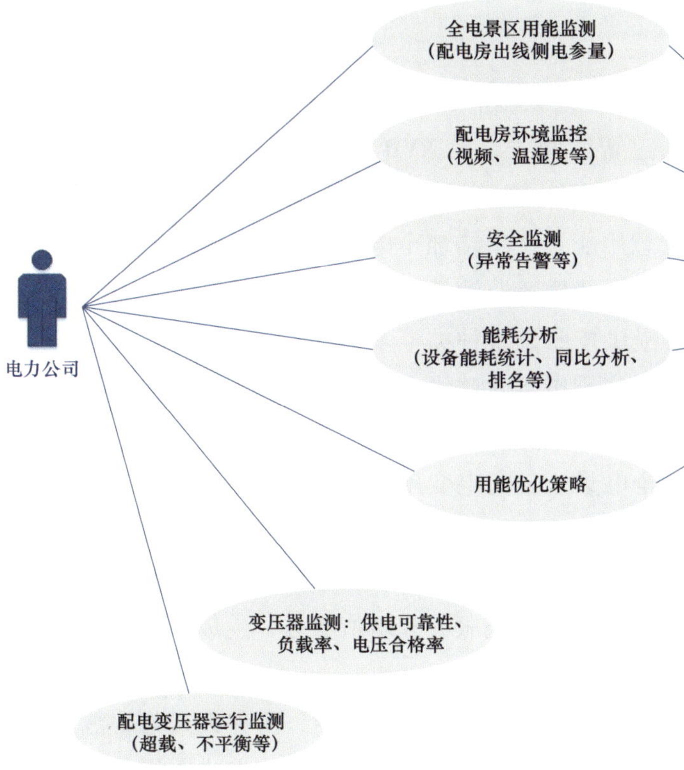

图 4-10　全电景区用户需求

二、建设内容

（一）建设目标

（1）智慧用电。在旅游景区住宿、餐饮、交通、游乐设施等配套领域推广电气化设备，利用物联网技术实现景区各节点用电信息感知，提升景区智能用电和电力设施维护水平。

（2）能效提升。收集旅游景区全范围内配套设施用能数据，结合淡旺季游客规模，从用能类型、用能分布、用能时间、用能费用等多维度进行综合能效分析，提高景区综合能效水平。

（3）产业提升。在旅游景区进行电气化设施改造，探索全电景区建设规模，提升景区环境质量、用能安全水平和游客体验感，推动全电景区产业大规模发展。

（二）建设概况

全电景区通过景区餐饮、住宿、交通、其他设施等全领域的以电代煤、以电代油、以电代气（瓶装煤气）工作，集中性多样化展示电厨房、热泵、电锅炉、电动车船、绿色照明等电能替代、节能环保的具体综合应用，有效叠加全电景区的示范效应，提升电能在终端能源中的应用比例。

（三）建设构架

全电景区建设按照物联“云管边端”建设部署，本地监测传感设备包括电能表、水表、温 / 湿度传感器以及摄像头等；通过智能网关以及 NVR 实现设备接入和数据采集；数据上传云端主要通过 4G 无线网络或有线网络；视频数据根据摄像头设备厂家方案采用 NVR 上送或视频云对接方式实现。在智慧用能系统中增加全电景区模块，面向供电公司提供景区用能监测、能效分析、环境监测、电能质量监测等功能，为景区管委会开发景区内环境及设备运行监测功能的 App，同时提供按照设备种类等多维度用能监测，结合设备运行用能情况提供成本优化方案建议，同时实现电气化建设、变压器检测、设备能耗等多维大屏展示。

云：部署智慧用能控制系统，全电景区各配电变压器运行基础信息采集视频等通过智慧用能控制终端装置交互信息、海量数据均汇总到云端，实现对全电景区用能监测、设备使用电量统计信息等数据存储和智能分析。汇聚农村产业全电景区能耗数据，聚集农业生产专家资源，开发农业生产大数据全电景区节能服务和增值服务，生成并下发农业节能全电景区策略，优化农业生产运行。

管：现场智能设备主要采用 Zigbee（无线）、RS485（有线）两种方式与智能网关进行通信，协议使用 HTTPs 传输，无线传输采用 JSON 消息，有线通信方式支持的通信规约为 Modbus-RTU 及 DL/T 645—2007。智能网关通过 4G、公网有线网络远程上送数据给智慧用能控制系统。

边：在试点全电景区部署智能网关，基于原始采集数据，通过智能网关的边缘计算功能能够实现对全电景区各设备实时、周期数据的分析、数据统计等，支撑全电景区农业产业及时处理执行，能效提升。

端：包含全电景区专用变压器出线端设备信息、温 / 湿度信息采集、智能电能表、互感器、硬盘录像机、摄像头等进行采集。

全电景区智慧用能系统架构如图 4-11 所示。

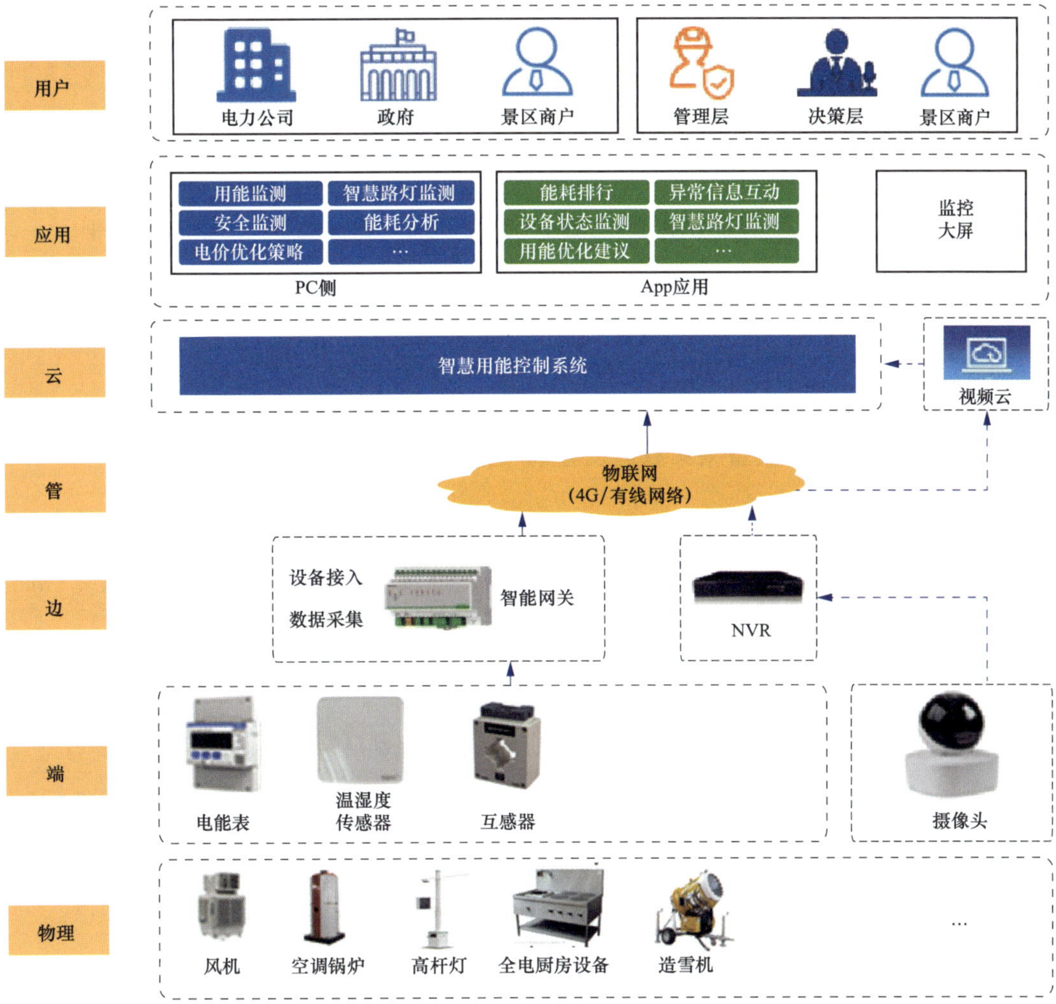

图 4-11　全电景区智慧用能系统架构

（四）建设内容

1. 全电景区智慧用能设备（见表 4-7）

表 4-7　　全电景区智慧用能设备

序号	类别	产品名称	备注
1	通信管理	4G 无线路由器	安装在能耗采集箱里，给能耗采集器上网传数据
2		电源模块	安装在能耗采集箱，给能耗采集器供电
3		能耗采集器	安装在能耗采集箱，采集电能表数据上传服务器
4		能耗采集箱	安装在现场空开电箱旁边，用于安装此表格里的产品

续表

序号	类别	产品名称	备注
5	传感设备	三合一传感器（温度、湿度、光强）	安装在景区内，监测温 / 湿度
6	表计	单相导轨远传电能表	安装在能耗采集箱里，监测电量数据
7		三相导轨远传电能表	安装在能耗采集箱里，监测电量数据
8		互感器	安装在能耗采集箱里，监测电量数据
9	用电安全	漏保开关	安装在用户总表处

2. 全电景区智慧用能设备采集数据及频率（见表 4–8）。

表 4–8　　全电景区智慧用能采集数据及频率

序号	数据项分类	数据子项	采集频率（min）
1	环境	温度	15
2		湿度	15
3		空气质量（天气预报）	实时
4	电能数据（总表、分表）	电流	15
5		电压	15
6		电能示值（总、正、反、各费率）	15
7		功率因数	15
8		有功功率、无功功率、最大需量	15

3. 通信协议

现场智能设备主要采用 Zigbee（无线）、RS485（有线）两种方式与智能网关进行通信，协议使用 HTTPS 传输，无线传输采用 JSON 消息，有线通信方式支持的通信规约为 Modbus-RTU 及 DL/T 645—2007。

4. 应用场景

用户端：①景区商户可以通过 Web 端或者 App 端查看全电景区总体能耗情况，了解全电厨房、热泵、电锅炉等设备的能耗流向和对比、排名，帮助用户进行节能辅助策略；②可以通过视频了解景区情况，用于周围环境监控；③当配电房用电异常，可为用户提供预警研判，便于用户定位查找，提前发现问题；④全电景区电气化覆盖满足用户安全可靠用电、清洁用能的需要。

电网端：①电网侧可实时监测配电变压器及景区用能较大设备的运行状态，及时发现配电变压器负荷、超限现象，保障配网安全，并通过能耗分析帮用户提供节能策略；②可通过视频了解景区情况，用于周围环境监控。

政府端：①政府侧通过信息化平台可以了解全电景区电气化覆盖情况，以“电气化＋旅游”的综合能源发展模式加快推动旅游风景区用能方式转变，通过实施电能代替、电气化改造等方式，提高景区清洁能源使用占比，有效减少大气污染，引导县域景区争创全电景区；②逐步淘汰传统景区燃煤、燃油设施设备，升级为电锅炉、电炊具、电动车、绿色照明等设备，充分满足安全用电和清洁用能的需要，实现清洁能源的深度覆盖。

三、示范案例

（一）基本情况

江南天池景区为国家 AAAA 级旅游景区，位于浙江省天目山北麓的安吉县境内海拔近千米的天荒坪，它以亚洲第一、世界第二的天荒坪抽水蓄能电站为依托，主要由天荒坪抽水蓄能电站、天池、温泉、天文科普基地、野外滑雪场、高山拓展运动中心等组成，是集娱乐、休闲、餐饮、住宿、温泉、滑雪、观星为一体的旅游景区。

该景区酒店厨房原用能主要以瓶装燃气主，电力为辅，使用燃气灶作为烹饪灶具。酒店地处山区景区，瓶装燃气的运输与储存都极为不便，国网安吉供电公司积极推动酒店对厨房进行改造，采用电磁灶等设备代替原有燃气灶，实现厨房全电化。同时应用电锅炉、电动汽车充电、电制雪机等技术，为景区提供全电旅游解决方案。

（二）现场设备

江南天池景区目前有 3 台变压器运行，分别是西岸 1 号变压器、西岸 2 号变压器、2 号爱国变压器；全电景区接入高山汤泉城、天池度假酒店、全电厨房的用电设备主要有空调锅炉 12 台共 540kW、空调循环泵 2 台共 74kW、太空驿站、风机 96kW（汤池制冷）、循环泵 11kW（汤池制冷）、中央空调 100kW（酒店制冷）、热水锅炉 245kW、全电厨房 400kW、酒店照明等；江南天池滑雪场主要设备有滑雪场造雪机 24 台、水泵 6 台、室外高杆灯、锅炉 2 台、魔毯 4 台等。

（三）成效分析

1. 初次投入成本

该景区全电厨房改造共计增加双眼电磁灶 3 台，四眼电磁炉 1 台，设备购置、改造共计投入 9.5 万元。智慧用能设备投入 7.83 万元。

2. 运行成本

改造后，月均耗电 4200kWh，全年耗电 50400kWh，年电费增加 30240 元。

3. 用户经济效益

原来厨房年消耗瓶装燃气约 6000kg（每瓶 50kg，月均消耗 10 瓶），按照每瓶 470 元（运费 20 元）计算，每年瓶装燃气费用 56400 元。使用电磁灶后，年电费增加 30240 元。每年节省费用 26160 元，4 年内能够收回投资成本。

4. 社会效益

该景区每年可节约20t标准煤，促进减排二氧化碳52t，二氧化硫0.17t，氮氧化物0.15t，有效减少大气污染，提升了景区生态环境质量。

当地政府可通过大数据中心了解全电景区电气化覆盖情况，通过实施“电气化 + 旅游”的综合能源发展模式，加快推动旅游风景区用能方式转变，引导县域景区争创全电景区。逐步淘汰传统景区燃煤、燃油设施设备，逐步升级为电锅炉、电炊具、电动车、绿色照明等设备，充分满足安全用电和清洁用能的需要，实现清洁能源的深度覆盖，具有极强的示范作用。

第五章　农村生活智慧用能

随着新型城镇和美丽乡村规划及建设工作的逐步推进，农村生活用电在供电能力、供电质量、安全性等方面提出新的要求，实施乡村电气化提升工程，加快推广电能替代技术，推广发展新型用电产品等各种方式，能够提高农村生活电气化水平，促进乡村生态环境改善，助力农业更强、农民更富、乡村更美。

第一节　智能家居智慧用能

一、现状分析

智能家居是互联网影响之下物联化的体现。智能家居通过物联网技术将家中的各种设备连接到一起，提供家电控制、照明控制、电话远程控制、室内外遥控、防盗报警等多种功能和手段。与普通家居相比，智能家居不仅具有传统的居住功能，兼备建筑、网络通信、信息家电、设备自动化，提供全方位的信息交互功能，还能为各种能源费用节约资金，为人们提供一个舒适、安全、方便和高效的生活环境。

用户侧：①空调、冰箱、热水器等大功率设备往往是家里最耗能的设备，关注如何合理减少能耗，降低电费、提升能源利用效率；②如何能在漏电、超温、超负荷、着火、水浸、煤气泄漏、可疑人员进入房屋时第一时间收到报警提示，避免损失。

电网侧：电网公司希望通过乡村智能家居的普及，乡村客户侧实现用能设备状态全天候、多终端在线监测、设备负荷情况、实时能耗监测和故障实时告警等智慧用能服务，为用户提供电价优化策略，推进电能替代水平，进一步拓展综合能源服务。

政府侧：政府希望扩大智能家居在农村的利用率和使用范围，从而进一步提升智能家居覆盖率。

智能家居涉及的角色包括电网公司和乡村居民。电网公司对居民的用能、环境、安全等数据进行监测，并开展多维度能耗分析，为用户提供电价优化策略。乡村居民对各个房间的设备运行状态进行监测，查看房屋能耗排名及电价优化策略。智能家居的用户需求如图 5-1 所示。

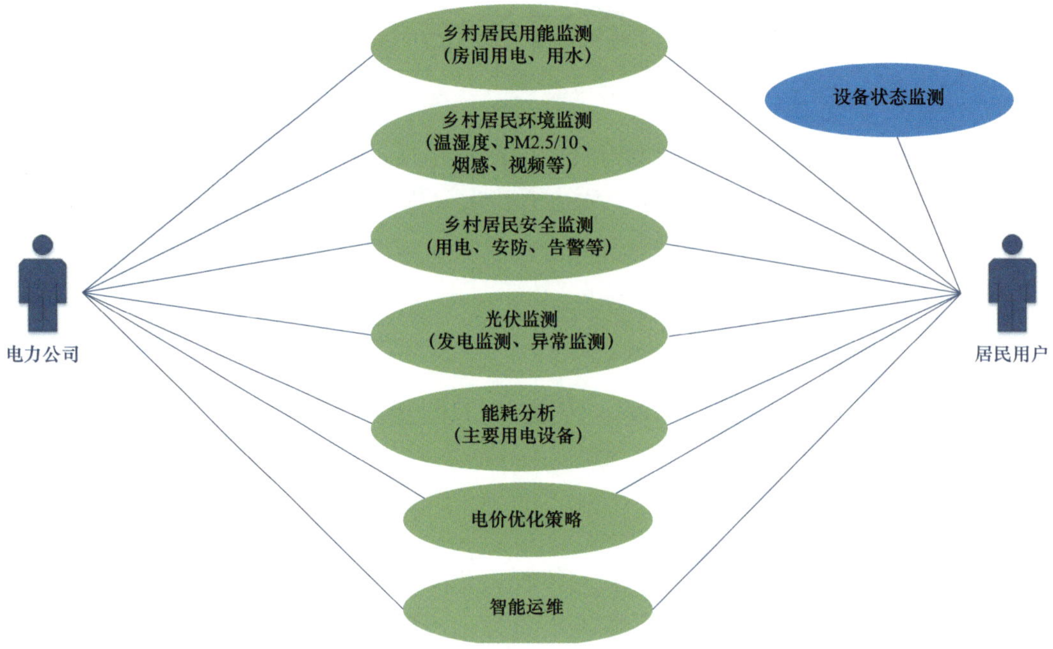

图 5-1　智能家居的用户需求

二、建设内容

（一）建设目标

（1）提升智能家居覆盖率。通过智能营业厅新零售业务的开展和智能家居示范项目建设的引领，持续推广智能家居在广大农村的利用率和使用范围。

（2）提高智慧用能服务水平。通过乡村智能家居的普及和电力物联网项目向广大乡村延伸，实现乡村客户侧用能设备状态全天候、多终端在线监测、实时能耗监测和故障实时告警等智慧用能服务。运用大数据分析和 AI 技术，实现空巢老人智慧服务等创新服务，提升家居的便利性、舒适性。

（3）提升智慧用能安全管理。通过乡村客户侧电力物联网的推广建设，乡村客户侧用能设备的状态、漏电电流、负荷、电压、功率、能耗等信息实现实时采集和在线监测，实现故障自动研判与预警，实现在漏电、超温、超负荷等异常情况下主动告警和自动消息推送，提升家居安全性。

（4）创新智慧能效管理模式。乡村居民用户开展用能全量化数据监测，获取乡村家庭用能各项运行数据，运用云计算和大数据分析技术开展居民家庭电价测算与分析，结合居民家庭用能习惯，为乡村居民客户的峰谷用电、阶梯用电进行指导。能效分析形成“一户一策”，促进乡村居民能源利用效率提升 15% ~ 30%，实现能效提升管理模式创新发展。

（二）建设概况

推广采用能效监测技术，建设智慧家庭户。通过“网上国网”新零售，建设家电新零售专区和新零售推广点。

（1）开展家居智能化改造。居民家庭用户按照用能感知设备、能效智能监测设备、智能插座、智能开关等智能设备将智能家居接入电力物联网，实现智能家居实时感知和自动控制。

（2）建设省级综合能源控制（SCADA）系统。实时采集智能家居状态、能耗、温度、电流、电压等数据，开展能效和电价分析，为用户提供节能策略建议。为光伏用户提供发电量及光伏发电装置参数在线监测，实现发电效率异常、异常跳闸等实时告警，减少用户发电损失，提升运维效率。

（3）研发多对象多场景的定制服务。实现智能家居在线监测与远程控制，为空巢老人提供智慧服务，提供家庭用能设备能源消耗占比查询和设备用能优化建议，提供家庭光伏在线监测和发电异常告警消息推送。

（三）建设构架

智能家居建设按照物联“云管边端”建设部署，本地监测传感设备包括电能表、水表、温 / 湿度传感器、光强传感器以及摄像头等；通过智能网关以及 NVR 实现设备接入和数据采集；数据上传云端主要通过 4G 无线网络或有线网络；视频数据根据摄像头设备厂家方案采用 NVR 上送或视频云对接方式实现。在智慧用能系统中增加智能家居模块，面向供电公司提供家居用能监测、能效分析、环境监测、电能质量监测等功能，为用户开发室内环境及设备运行监测功能的 App，同时提供按照设备种类等多维度用能监测，结合用户实际需求与用能情况，提供成本优化方案建议，同时实现电气化建设、变压器检测、设备能耗等多维大屏展示。

云：部署智慧用能控制系统，并基于此系统开展乡村电气化 PC 侧应用、智能 App 应用及监控大屏应用，为用户提供能耗分析、用能监测、环境监测、安全监测、光伏监测、电价优化策略、场景监测、设备状态监测等应用。

管：智能网关通过 4G、公网有线网络远程上送数据给智慧用能系统。

边：现场智能设备主要采用 Zigbee（无线）、RS485（有线）两种方式与智能网关进行通信，协议使用 HTTPs 传输，无线传输采用 JSON 消息，有线通信方式支持的通信规约为 Modbus-RTU 及 DL/T 645—2007。

端：为用户安装用能感知设备、介入及非介入式能效智能监测设备，包括智能插座、智能开关、场景遥控器、电动窗帘电机、SOS 开关、水浸探测器、烟雾感应器、燃气感应器、温 / 湿度感应器、外幕帘感应器等智能设备，将智能家居接入电力物联网，实现智能家居实时感知。

智能家居智慧用能系统架构如图 5-2 所示。

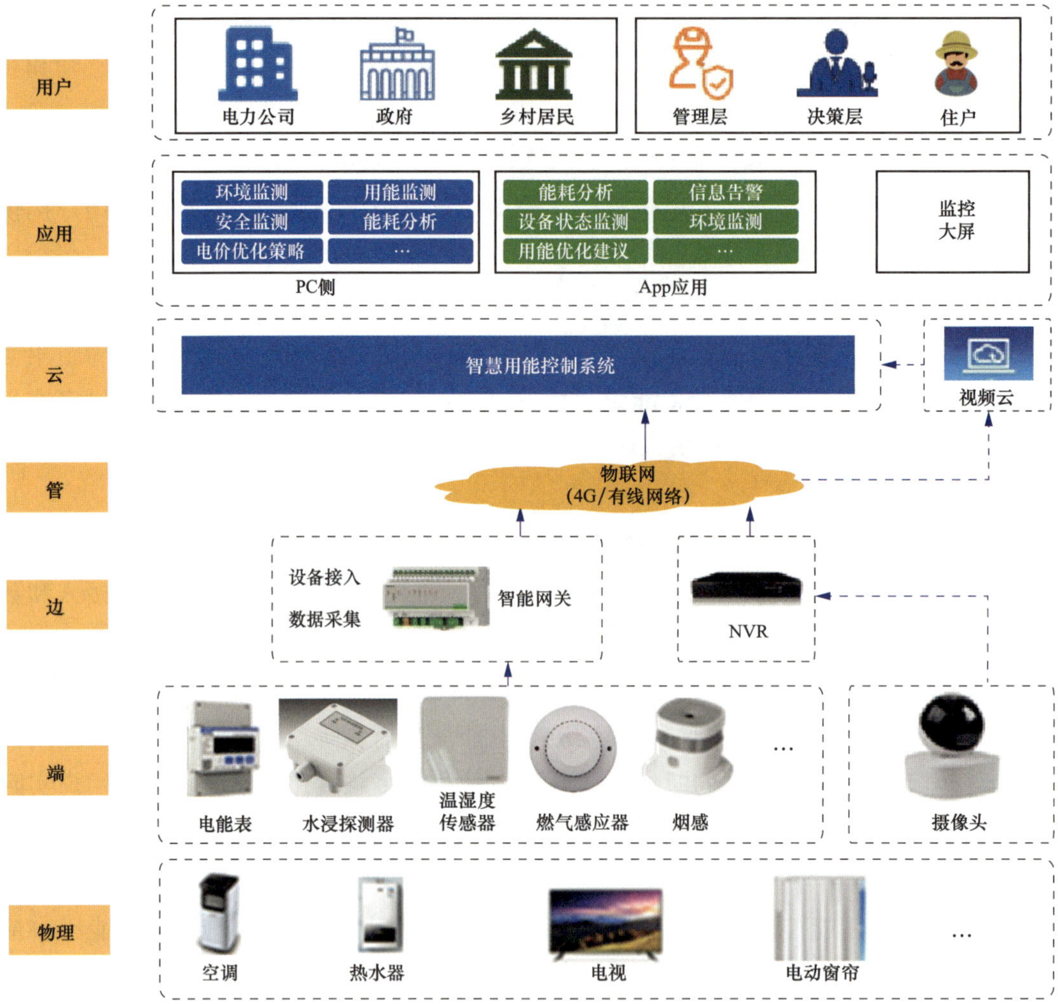

图 5-2　智能家居智慧用能系统架构

（四）建设内容

1. 智能家居智慧用能设备（见表 5-1）

表 5-1　　智能家居智慧用能设备

序号	设备名称	设备参数及说明
1	烟雾传感器	1）工作电压：电池独立供电，DC 5 ~ 15V，电池可替换； 2）通信方式：与智能控制主机之间采用 ZigBee 或小无线通信，内置通信模块； 3）安装方式：吸顶或壁挂安装； 4）自带报警器，报警音量不小于 120dB
2	水浸传感器	1）工作电压：电池独立供电，DC 5 ~ 15V，电池可替换； 2）通信方式：与智能控制主机之间采用 ZigBee 或小无线通信，内置通信模块； 3）高性能微处理器和高可靠水感探头，确保感应、处理、传输及时；

续表

序号	设备名称	设备参数及说明
2	水浸传感器	4）安装方式：壁挂安装，感应器悬挂在固定螺钉上，确保两根水感探头探针位于需要监测平面上（距地面 5mm 左右）
3	智能空调面板	1）实现 FCU 中央空调智控调控，能够对水冷、风冷式中央空调升级，实现远程合就地独立分机控制，智能调温，一键智控，风量调节，模式切换，多种联动设定； 2）通信方式：与智能控制主机之间采用 ZigBee 或小无线通信，内置通信模块； 3）工作电压：AC 220V 50Hz； 4）最大负载：3A； 5）温度设定范围：16 ~ 32℃； 6）功率小于 3W
4	红外遥控终端	1）可远程控制各种红外遥控的电器，如电视、机顶盒、空调等，支持 HomeKit，稳定性强、安全性高、低能耗、低辐射； 2）支持远程调节空调的温度、风量、模式等功能； 3）对于非主流红外设备，可通过自学习方式实现对该设备的远程控制； 4）遥控频率 38kHz，频射范围 8 ~ 15m（360° 无死角）； 5）支持定时遥控、一键遥控多个设备； 6）通信方式：与智能控制主机之间采用 ZigBee 或小无线通信，内置通信模块； 7）供电方式：两插电源适配器器插头，供电电压 DC 5V； 8）功率：小于 1W
5	智能音箱	1）可用于语音控制家中智能设备，如开关灯、开闭窗帘、灯光调控、温度调控等； 2）可通过音频接口或蓝牙连接其他音箱； 3）通信方式：与智能控制主机之间采用 ZigBee 或小无线通信，内置通信模块； 4）工作环境：0 ~ 45℃； 5）指示灯：1600 万色 RGB LED × 12； 6）供电电压：AC 100 ~ 240V 50/60Hz，输出：DC 5V/2A； 7）单喇叭，27mm 全频，最大功率 1W，频响范围 300Hz ~ 10kHz（-10dB），阻抗 4Ω，灵敏度 74dB/m/W； 8）麦克风阵列 ×4，SNR=64dB； 9）多种颜色可选
6	情景控制面板	1）多种颜色可选； 2）可联动其他智能设备，可一键触发预设情景模式，如一键开关灯、一键回家 / 离家等； 3）通信方式：与智能控制主机之间采用 ZigBee 或小无线通信，内置通信模块； 4）微动开关设计，使用寿命不小于 2 万次； 5）供电方式：电池（待机时间 1 年，可替换）； 6）安装方式：随意放置或贴在墙上（标配双面胶 ×1）

续表

序号	设备名称	设备参数及说明
7	智能控制主机	1）具备所有智能产品实现智能和联动必需的控制中心功能，双向实时智能设备运行状态； 2）网络连接方式：有线 /WiFi/4G/ 有线转 WiFi 联网，支持外置天线； 3）控制智能设备方式：智能语音控制（Rokid、Amazon Alexa、天猫精灵、出门问问、百度度秘、科大讯飞、腾讯云小微等支持）； 4）控制智能设备个数：不少于 500 个； 5）供电方式：两插电源适配器； 6）输入电压：DC 5V；功率：2.5W；最大负载电流：1A； 7）下行智能设备通信方式：ZigBee/ 小无线
8	5 孔智能插座（10A）	1）支持远程控制插座开关来控制其联通的电器设备的运行，可设置定时开关； 2）智能 AI：联动其他智能设备，可通过温度、湿度、动态变化触发插座的开关； 3）可自定义打开 / 关闭不同状态时按键灯光颜色，可手动按键切换插座开关状态； 4）入墙安装：直接替换传统墙壁插座，无须改动线路； 5）输入 / 输出电压：AC 90 ~ 240V；最大输入 / 输出电流：10A（阻性负载）； 6）通信方式：与智能控制主机之间采用 ZigBee 或小无线通信，内置通信模块； 7）尺寸：86mm × 86mm × 37.5mm；重量：80g； 8）多种颜色可选
9	3 孔智能插座（16A）	1）支持远程控制插座开关来控制其联通的电器设备的运行，可设置定时开关； 2）智能 AI：联动其他智能设备，可通过温度、湿度、动态变化触发插座的开关； 3）可自定义打开 / 关闭不同状态时按键灯光颜色，可手动按键切换插座开关状态； 4）入墙安装：直接替换传统墙壁插座，无须改动线路； 5）输入 / 输出电压：AC 90 ~ 240V；最大输入 / 输出电流：16A（阻性负载）； 6）通信方式：与智能控制主机之间采用 ZigBee 或小无线通信，内置通信模块； 7）尺寸：86mm × 86mm × 37.5mm；重量：80g； 8）多种颜色可选
10	智能人体传感	1）热释电红外感应技术，检测人体移动导致的温差变化感知移动； 2）感知范围：4m/120° 仰角的空间； 3）检测到移动后保持激发状态 1min 左右，以免探测频繁引发不必要的联动； 4）智能 AI：联动其他智能设备，可实现夜晚起床开灯等更多功能； 5）通信方式：与智能控制主机之间采用 ZigBee 或小无线通信，内置通信模块； 6）供电方式：两节 7 号电池（标配电池 ×2，待机时间 2 年，可替换）； 7）安装方式：随意放置或贴在墙上（标配双面胶 ×1）

续表

序号	设备名称	设备参数及说明
11	智能传感器	1）实时监测温度、湿度、光照度，自带液晶屏幕可实时显示温度、湿度和光照度的数值； 2）可远程了解家中的温度、湿度和光照度（周围环境发生变化时，1min内会完成同步更新数据）； 3）智能 AI：感知温度冷暖，可联动红外遥控终端开关空调等；感知空气湿度，可联动智慧插座开关等；感知光照明暗，可联动智能开关控制电灯及调光等； 4）通信方式：与智能控制主机之间采用 ZigBee 或小无线通信，内置通信模块； 5）供电方式：电池供电； 6）安装方式：随意放置或贴在墙上（标配双面胶 ×1）
12	多功能环境感应器	1）实时监测家中空气指数及质量，出现环境异常时，发送警报至手机 App 及 Web； 2）监测范围：450 ~ 2000ppm CO_2/125 ~ 600ppb TVOC 当量； 3）联动其他智能设备，可改善家中空气质量；监测到环境异常时，联动空气净化器 / 新风系统，自动打开空气净化器 / 新风系统，联动平移开窗器自动关窗； 4）通信方式：与智能控制主机之间采用 ZigBee 或小无线通信，内置通信模块； 5）供电方式：两节 7 号电池（只能检测温度和湿度）/ 两插电源适配器（5V 2A）（可检测所有参数）； 6）安装方式：随意放置或贴在墙上（标配双面胶 ×1）
13	智能窗帘	1）可轻拉启动自动开关窗帘、停电时可手动开关窗帘，遇阻即停，中间点限位； 2）可直接用遥控器控制开关； 3）通信方式：与智能控制主机之间采用 ZigBee 或小无线通信，内置通信模块； 4）支持远程控制窗帘精准百分比开关、设置定时开关； 5）智能 AI：联动其他智能设备，可实现根据光照强弱开关窗帘等更多功能； 6）适用于左右开合帘，单轨单电机，双轨双电机
14	一联智能开关	1）采用超低功耗通信技术，独立工作不依赖于外部电源，同时适用于单火线路、零火线路和小于 30V 的直流弱电线路，克服智能开关单火取电的难题，为用户安装和使用提供舒适便捷的解决方案； 2）通信方式：与智能控制主机之间采用 ZigBee 或小无线通信，内置通信模块； 3）多种颜色可选； 4）尺寸：不大于 86mm × 86mm × 39mm； 5）重量：不大于 133g； 6）输入：DC 90 ~ 250V 或 AC 5 ~ 30V； 7）最大负载：单路阻性 500W，感性、容性 200W

续表

序号	设备名称	设备参数及说明
15	二联智能开关	1）采用超低功耗通信技术，独立工作不依赖于外部电源，同时适用于单火线路、零火线路和小于 30V 的直流弱电线路，克服智能开关单火取电的难题，为用户安装和使用提供舒适便捷的解决方案； 2）通信方式：与智能控制主机之间采用 ZigBee 或小无线通信，内置通信模块； 3）多种颜色可选； 4）尺寸：不大于 86mm × 86mm × 39mm； 5）重量：不大于 133g； 6）输入：AC 90 ~ 250V 或 DC 5 ~ 30V； 7）最大负载：单路阻性 500W，感性、容性 200W
16	三联智能开关	1）采用超低功耗通信讯技术，独立工作不依赖于外部电源，同时适用于单火线路、零火线路和小于 30V 的直流弱电线路，克服智能开关单火取电的难题，为用户安装和使用提供舒适便捷的解决方案； 2）通信方式：与智能控制主机之间采用 ZigBee 或小无线通信，内置通信模块； 3）多种颜色可选； 4）尺寸：不大于 86mm × 86 mm × 39mm； 5）重量：不大于 133g； 6）输入：AC 90 ~ 250V 或 DC 5 ~ 30V； 7）最大负载：单路阻性 500W，感性、容性 200W
17	智能微断总路器	1）有线以太网、RS485、NB-Iot、GPRS、4G、无线 WiFi 功能等通信功能；向下 RS485 通信； 2）63A 总开微断，三相总有功电能计量，计量精度 1.0 级； 3）支持线缆温度、漏电电流计量； 4）过流、过温、漏电、短路、过载、过压、欠压、挂锁保护； 5）满足本地与远程通断需求； 6）控制断路器闭合的电操设备通过断路器进线取电，无须加装电源单独供电
18	智能微断分路器	1）有线以太网、RS485、NB-Iot、GPRS、4G、无线 WiFi 功能等通信功能；向下 RS485 通信； 2）32A 分路微断，单相总有功电能计量，计量精度 1.0 级； 3）线缆温度、漏电电流计量； 4）过流、过温、漏电、短路、过载、过压、欠压、挂锁保护； 5）满足本地与远程通断需求； 6）控制断路器闭合的电操设备通过断路器进线取电，无须加装电源单独供电
19	智能魔镜	1）屏幕：IPS 材质，不小于 13.3 英寸，分辨率不小于 1920 × 1080； 2）CPU 不少于 4 核，1.8GHz；RAM 不少于 2GB，ROM 不少于 8GB； 3）支持蓝牙 4.0；支持 2.4G/5G 双频 802.11a/b/g/n/ac； 4）防水等级：IP65 以上

2. **智能家居智慧用能采集数据及采集频率（见表5-2）。**

表5-2 智能家居智慧用能采集数据及采集频率

序号	数据项分类	数据子项	采集频率
1	环境	监控视频	实时
2		光照强度	1h
3	智能家居用能监测（总表、照明、空调、热水器、冰箱、窗帘等）	电流	5min
4		电压	5min
5		电能示值（总、正、反、各费率）	5min
6		功率（有功、无功、功率因数）	5min
7	光伏发电监测（三相双向表 / 光伏发电表）	电流	5min
8		电压	5min
9		电能示值（总、正、反、各费率）	5min
10		功率（有功、无功、功率因数）	5min
11	设备状态	照明状态	1h（变化时上传）
12		空调状态	1h（变化时上传）
13		热水器状态	1h（变化时上传）
14		冰箱状态	1h（变化时上传）
15		窗帘开关状态	1h（变化时上传）

3. **通信协议**

现场智能设备主要采用Zigbee（无线）、RS485（有线）两种方式与智能网关进行通信，协议使用HTTPs传输，无线传输采用JSON消息，有线通信方式支持的通信规约为Modbus-RTU及DL/T 645—2007。

4. **应用场景**

（1）用户端：①用户通过智慧用能控制系统App端，可查看用电量、用电趋势，实时监测用能设备状态、实时能耗、能耗排名，并接收故障实时告警；②可以接收电网公司对其峰谷用电、阶梯用电的科学用电指导。

（2）电网端：电网公司通过智慧用能控制系统Web端，实时采集和在线监测乡村居民用能设备的状态、漏电电流、负荷、电压、功率、能耗等信息，实现故障自动研判与预警，实现在漏电、超温、超负荷等异常情况下主动告警和自动消息推送。

（3）政府端：政府通过智慧用能控制系统，可以掌握智能家居在农村的利用率和使用范围，从而进一步提升智能家居覆盖率。

三、示范案例

（一）基本情况

余村位于安吉县天荒坪镇政府驻地西侧，村域面积 4.86km^2，已建成具有生态旅游区、美丽宜居区和田园观光区的国家 3A 级景区。

村民葛先生家先行完成乡村居民智能家居改造。其房屋为四层楼房，一层为厨房、门店、两间卧室，二层为客厅、餐厅、卫生间、两间卧室，三层为四间卧室，四层为储藏室。一楼、二楼、三楼都有独立的配电箱，空气开关可控制不同的区域用电，屋内现有主要设备为分体式空调、电视、照明、视频监控。

（二）现场设备

示范点已有设备为分体式空调、电视、照明、视频监控。电网公司还需新装烟感、温 / 湿度传感器、水浸传感器、SOS 开关、电动窗帘、红外幕帘、智能插座、智能空气开关、智能电能表、智能水表。现场设备分布如图 5–3 所示。

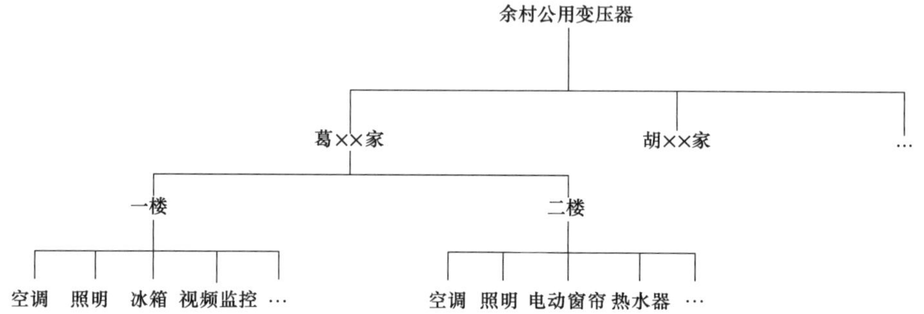

图 5–3　现场设备分布示意图

（三）成效分析

1. 初次投入成本

用户已有设备为分体式空调、电视、照明、视频监控，还需新装烟感、温 / 湿度传感器、水浸传感器、SOS 开关、电动窗帘、红外幕帘、智能插座、智能空气开关、智能电能表、智能水表等智能化监测设备，累计投资 15 万元。推广用户安装空气能热水器等高效能设备，成本 0.6 万元。

2. 运行成本

因设备质量产生的运维和更换费用约占初始投资成本的 3%，为 0.47 万元。

3. 社会效益

从安全用电、安心用电两方面让用户“获得电力”。用户可以利用智慧用能 App 实现对用电信息进行实时采集和在线监测；发生故障时，用户也能实时收到相关推送信息，保障用户安全用电。同时，结合居民家庭用电数据和用能习惯，用户每月均会收到用能分析报告，提高用户用能水平，降低用户用能成本，保障用户安心用电。

政府通过智慧用能控制系统，可以掌握智能家居在广大农村的利用率和使用范围，从而进一步提升智能家居覆盖率。

第二节 绿色出行智慧用能

一、现状分析

乡村绿色交通出行是指在广大农村地区推广具有绿色低碳环保的新能源汽车，这种出行方式既节约能源、提高能效、减少污染，又益于身体健康、兼顾效率。随着城镇化进程加快，农业工业化水平提高和农民消费水平持续提升，新能源汽车节能环保、经济实用的优势不断显现，广泛应用于村村通公路的农业、运输、旅游、商业、教育等领域。作为配套设施，充电桩建设随着新能源汽车在农村地区普及也在农村地区大规模推广应用，通过构建乡村智能充电服务网络，保障绿色交通出行无忧。

用户侧：①小区充电桩少，或没有配置；②无专用车位的住户使用小区公共停车位无充电桩，也无法个人安装，影响用户购置电动汽车的意向。

电网侧：小区停车位无预留电源，已安装的充电桩均为住户个人安装，使用效率低。

政府侧：推动绿色出行，推进电动汽车销售及配套的充电设施建设。

充电桩涉及的角色包括电网公司和电动汽车用户。电网公司对配电变压器负荷及充电桩负荷、频次进行监测，根据变压器负荷和充电桩使用频次、负荷，开展多维的效率分析，对充电桩功率进行动态调整。在配电变压器高负荷时，调低充电桩功率；低负荷时，调高充电桩功率；对使用频次高、负荷大的充电桩调低功率，对使用频次低、负荷低的充电桩调高功率，提升配电变压器和充电桩的经济运行。电动汽车用户获得空闲充电桩信息及使用建议。绿色出行用户需求如图 5-4 所示。

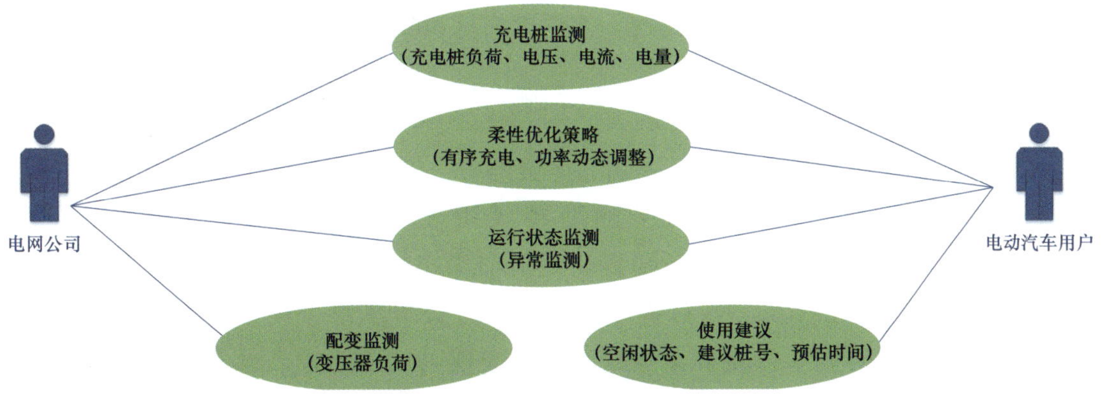

图 5-4 绿色出行用户需求

二、建设内容

（一）建设目标

（1）提升乡村绿色出行保障。结合乡村出行特点，在全县各乡镇、高速服务区、高铁站、农民小区、乡村公共停车区开展覆盖建设。推动建设快充桩、慢充桩，推广电动公交、分时租赁电动汽车、家用电动汽车，推动建设覆盖全县的绿色低碳交通出行网络。

（2）提升智慧用能服务水平。通过安装采集装置，采集充电桩回路的电压、电流、功率、电量等实时历史数据，通过远程终端进行用能分析，并进行节能策略优化。

（3）提升智慧用能安全管理。通过手机 App 及综合能源监测中心随时关注电压、电流波动以及时发现用电异常，防止电气事故的发生。

（二）建设概况

采用快充站、慢充桩结合的方式，在全县各乡镇、高速服务区、高铁站、农民小区、乡村公共停车区开展建设快充桩、慢充桩等基础设施，并推广电动公交车、电动汽车的使用。

（1）建设电动汽车智慧用能控制系统（CPS）。安装智能电能表、变压器智能监测装置、充电桩监测装置、温度感知器、烟感知器、湿度感知器、视频监控设备等感知设备，采集变压器、快充电桩、慢充电桩、摄像头等信息，实现电动汽车智慧用能的实时感知。安装能源控制器，加强设备运行状态和能耗等信息在线监测。

（2）建设省级综合能源控制 SCADA 系统。应用“多类型传感器 + 能源控制器”物联网技术和 VPN 通信技术，将充电设备数据信息通过能源控制器传送到省级综合能源控制（SCADA）系统。通过能源控制器采集充电设备的环境信息、运行状态信息、视频信号等数据，提供充放电监测、设备监测、视频监控、异常告警与智能运维等服务。

（3）研发运维 App。通过手机和电脑等终端，实时监控充放电信息，对充电设备进行监测与控制；查询充电设备的用能情况、充放电信息和配电设备运行状态等，发生故障时及时向运维人员告警。

（三）建设构架

绿色出行建设按照物联“云管边端”建设部署，通过智能网关以及 NVR 实现设备接入和数据采集；数据上传云端主要通过 4G 无线网络或有线网络；在智慧用能系统中增加电动汽车模块，面向供电公司提供用能监测、能效分析、环境监测等功能，开发设备运行监测功能的 App，同时提供按照设备种类等多维度用能监测，结合实际需求与用能情况，提供成本优化方案建议，同时实现电气化建设、设备能耗等多维大屏展示。

云：部署智慧用能控制系统和车联网系统，基于智慧用能控制系统开展小区充电桩 PC 侧应用、智能 App 应用及监控大屏应用，提供充电桩用能监测、设备状态监测等功能，为用户提供充电桩使用建议。基于车联网系统开展充电桩有序充电应用，为用户提供使用几号充电桩建议、推送预期充电时间应用。

管：示范点通过智能网关经 4G、公网有线网络远程上送数据给智慧用能控制系统。推广点经无线网络上送至车联网平台。

边：现场智能设备主要采用 Zigbee（无线）、RS485（有线）两种方式与智能网关进行通信，协议使用 HTTPs 传输，无线传输采用 JSON 消息，有线通信方式支持的通信规约为 Modbus–RTU 及 DL/T 645—2007。

端：为示范点充电桩安装导轨表，采集电量、负荷等数据；为推广点充电桩安装负荷监控调节设备，接入电力物联网，实现充电桩状态的实时感知和负荷的实施调节。

绿色出行智慧用能系统架构如图 5–5 所示。

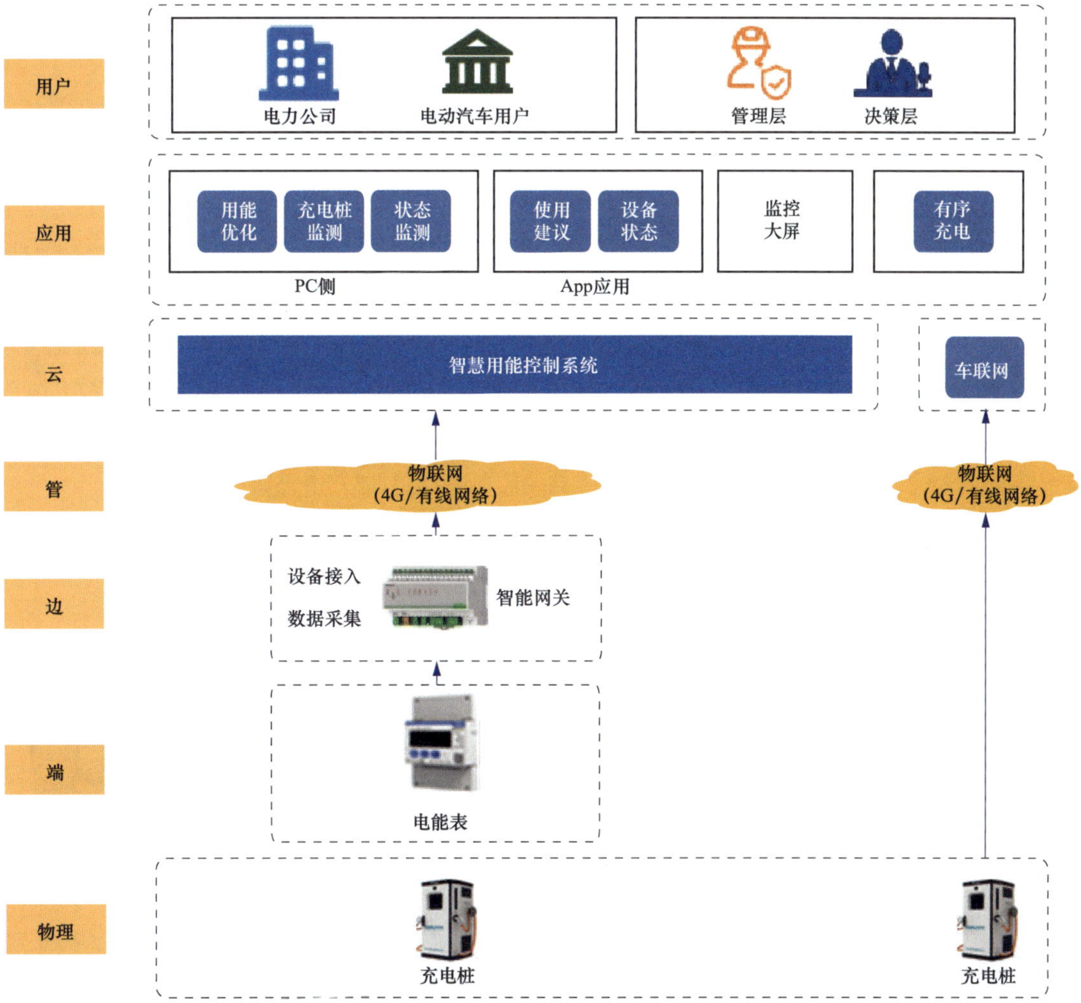

图 5–5　绿色出行智慧用能系统架构

（四）建设内容

1. 绿色出行智慧用能设备（见表 5-3）

表 5-3　　绿色出行智慧用能设备

序号	设备名称	技术参数	功能描述	图片
1	能源控制器	1）本地通信：支持 LoRa、WiFi、PLC、RS485、RS232、DI/DO、AI/AO、USB2.0、RJ45 等通信方式；支持 MQTT、CoAP、HTTPs 协议，支持电力专用 IEC101/104 规约、DL/T 645、DL/T 698、DL/T 1376.1—2013 用电信息采集规约、Modbus 协议、CJ/T 188、Q/GDW 11709.2、Q/GDW 11709.3 等。 2）远程通信：支持 4G LTE（专网 / 公网）、GE/FE RJ45 通信方式；支持 DL/T 698.45、Q/GDW 1376.3—2013 等协议	提供数据采集、转换加密、边缘计算、远程运维等功能	
2	智能控制器	1）2 路 RS485+1 路 RS485 或 RS232。 2）1 路以太网接口	可实现逻辑组态，能完成时钟、逻辑、排程、网关等功能于一体。对接空气源热泵主机	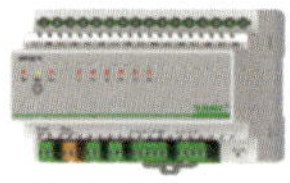
3	三相多功能电表（电能质量分析型）	1）电流额定值：AC 1A、5A。 2）电压额定值：AC 100V、220V、380V。 3）三相 I、U、kW、kVar、$\cos\varphi$、Hz 测量。 4）正反向有功电能、四象限无功电能测量。 5）费率、需量、总谐波测量。 6）THDu、THDi、2 ~ 31 次谐波分量、三相不平衡度测量。 7）SOE 事件记录。 8）点阵彩色液晶图文显示	电能监测，电能质量监测	

2. **绿色出行智慧用能采集数据及采集频率（见表 5-4）。**

表 5-4　　　　绿色出行智慧用能采集数据及采集频率

序号	采集数据项分类	数据子项	采集频率
1	充电桩设备用能情况（总表）	电流	5min
2		电压	5min
3		电能示值 （总、正、反、各费率）	5min
4		功率 （有功、无功、功率因数）	5min
5		告警信息	实时
6		账单信息	实时
7	充电桩运行状态	充电桩状态	实时
8	环境	监控视频	实时

3. **通信协议**

现场智能设备主要采用 Zigbee（无线）、RS485（有线）两种方式与智能网关进行通信，协议使用 HTTPS 传输，无线传输采用 JSON 消息，有线通信方式支持的通信规约为 Modbus-RTU 及 DL/T 645—2007。

4. **应用场景**

充电设施按充电功率可分为慢速充电设备和快速充电设备，原则上慢速充电功率不超过 10kW，快速充电功率大于 30kW。在集聚住宅小区建设的自用充电设施一般情况下提供慢充用电条件；在办公场所、企业内部等区域建设的共用充电设施提供快慢结合的用电条件；在商业、公共服务设施、公共停车场、高速公路服务区、加油站以及具备停车条件的道路旁建设的公用充电设施一般情况下提供快充用电条件。

三、示范案例

（一）基本情况

凤凰国际小区位于浙江湖州安吉县凤凰山下，小区现有住户 500 余户，电动汽车保有量 150 余量。该小区毗邻某酒店，外来游客多，多次反应电动汽车充电困难。考虑到该地区台区用电负荷压力，国网安吉公司推动政府配置建设有序充电模块的充电设施，既解决了居民、游客充电难的难题，又缓解了电网台区压力。

（二）现场设备

现场设备分布如图 5-6 所示。

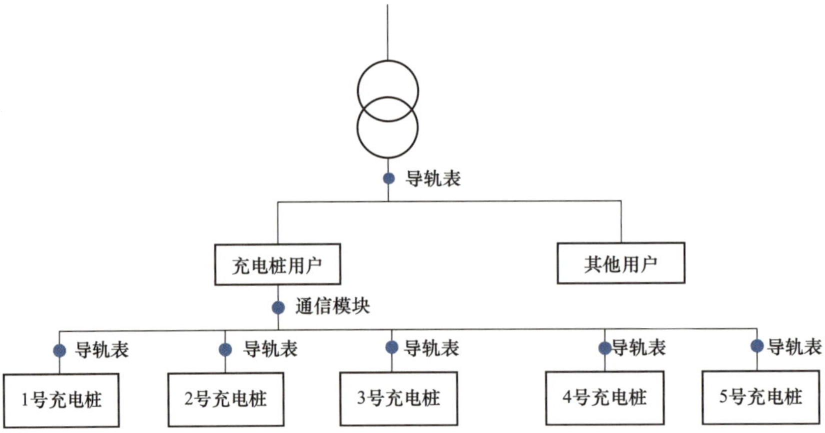

图 5-6　现场设备分布示意图

（三）成效分析

1. 初次投入成本

安吉供电公司推动政府在凤凰国际小区建设配置有序充电模块的充电设施 70 套，单桩 7kW。每套充电设施 5000 元，合计 35 万元。

2. 经济效益

该小区充电站单桩日均充电量达到 30kWh，该充电站年累计充电量达到 76.65 万 kWh，营收 122.64 万元。除去各类运行维护支出，年可获收益 65 万元。

3. 社会效益

有效缓解居民小区充电车位少、充电难的难题，提高了居民购买电动汽车的意向，推动了绿色出行的理念，助力新能源汽车高质量发展。通过有序充电，解决了台区供电压力，提高了居民供电可靠性，提升居民用电满意度和获得感。优化能源消耗结构。利用电网对电动汽车进行充电，增加了电力在交通能源领域中的应用，减少了对石油资源的依赖，优化了交通能源构成。

第三节　农村人居环境综合整治电气化模式

一、现状分析

改善农村人居环境，建设生态宜居乡村，是实施乡村振兴战略的一项重要任务。我国农村人居环境状况很不平衡，脏乱差问题在一些地区还比较突出，特别是乡村水环境、农村垃圾和污水治理等方面。农村人居环境综合整治电气化，主要是通过推进乡村饮用水工程建设，提高饮用水达标率；通过安装生活垃圾处理设备，实现农村生活垃圾的就地分类和资源化利用；推广污水处理终端，实现生活污水和厕所粪污的无害化处理和资源化利用。

二、建设内容

当前农村人居环境综合整治电气化模式的内容主要包括乡村饮用水工程建设和生活垃圾处理设备、污水处理终端的应用三部分，具体内容如下：

（1）乡村饮用水工程建设是通过铺设管网，将符合标准的生活用水输送到各个储水房，再通过箱式泵站将优质水源通过二次供水系统输送到农村居民家中，解决农村居民用水问题。

（2）生活垃圾处理设备是先利用餐余垃圾脱水机对餐余垃圾进行分类分选并脱水，然后使用餐厨垃圾破碎机对餐余垃圾进行破碎处理，最后将破碎后的垃圾加工制成有机肥。厨余垃圾经过破碎处理后通过生物降解处理再产出有机肥料，可用于农作物种植和花草施肥，进而形成良好的资源循环利用。

（3）污水处理终端的整个流程是将农户污水分片收集后，使用中小型污水处理设备，经过化学处理工艺后，历经调节池、厌氧生物池、好氧生物接触氧化池、二沉池以及沉淀池，进入过滤池过滤后经中水池进入清水池，达标后回用或外排。

三、示范案例

（一）基本情况

浙江省安吉县推进美丽乡村建设，国网安吉供电公司深刻践行“两山”发展理念，积极配合政府部门落实《农村人居环境整治三年行动方案》，推进村村饮水工程、厕所革命、垃圾革命等工作，助力创建美丽乡村精品示范村，以赋石村为例，实现“诗画赋石、十里渔村”的目标。赋石村位于安吉县孝丰镇西北部，“浙北第一库”——赋石水库旁，距离孝丰镇中心 7km，全村辖 14 个自然村，共有 658 户 2146 人，全村总地域面积 13.3km^2。

（二）成效分析

1. 初次投入成本

（1）村村饮水工程。2019 年安吉县开始实施农村饮用水达标提标行动，赋石村已建成 6 个村民生活用水和二次供水的点位。二次供水设备额定功率 65kW，单个水房储水 79m^3，每个户外型智能一体化箱式泵站内包含 2 台压力提升泵、1 台电磁流量计及其他辅助设备，设备及建设投资共 500 万元。

（2）厕所革命。赋石村积极响应县政府厕所建设管理“三年行动”计划，建成一批 A 级标准旅游厕所。同时，使用中小型污水处理设备，采用二级生物接触氧化处理工艺，将农户污水处理达标后回用或外排。已建成污水处理点 12 个，安装 12 个液位控制器、12 个提升泵、12 个搅拌机，设备总容量 60kW，总投资约 800 万元。

（3）垃圾革命。2018 年，赋石村启动垃圾革命工程，实现“垃圾不落地”“垃圾不出村”。全村安装 1 台厨余垃圾处理机，设备容量为 15kW，总投资约 75 万元。

2. 运行成本

（1）饮水工程设备年用电量约 20 万 kWh，按照当地电价 0.588 元 /kWh 计算，年电费约 11.76 万元。一个增压泵房年运维成本约 5 万元，赋石村一共有 6 个泵房，共需 30 万元。总运行成本约为 41.76 万元。

（2）污水处理设备年用电量约 30 万 kWh，年电费约为 17.64 万元，年运维成本约 30 万元。总年运行成本约为 47.64 万元。

（3）垃圾处理设备年用电量约 3 万 kWh，年电费约为 1.764 万元；年运维成本约 40 万元。总运行成本约为 41.764 万元。

3. 社会效益

（1）管好水龙头，服务大民生。安吉县启动农村饮用水达标提标工程，累计投入资金 10.86 亿元，建成村级供水站 118 个，新建水厂 10 座，实现村民从“有水喝”到“喝好水”。

（2）安吉县围绕人居环境建设实践，大力推进厕所革命、垃圾革命、污水革命等，新建、改建厕所 1200 多座，实现垃圾分类行政村全覆盖，完成农村生活污水终端 2000 余座。村村都重现了“小桥、流水、人家、田趣”的江南水乡味道。

（3）通过农村人居环境整治实践，成功创建了国家循环经济示范县和全国农村产业融合发展示范县，安吉县农村经济实力显著增强，让“绿水青山”真正变为“金山银山”。

第六章　乡村供电服务

第一节　坚强智能乡村电网建设

一、坚强智能乡村配电网建设目标

打造坚强智能乡村配电网，要秉承“安全、优质、经济、绿色、高效”的发展理念，从结构、设备、技术、管理等方面入手，推行标准化建设，按照“四个一”（项目储备“一图一表”、设备选型“一步到位”、建设工艺“一模一样”、管控信息“一清二楚”）的工作要求开展乡村配电网建设工作，打造具备“安全可靠、优质高效、绿色低碳、智能互动”特征的乡村配电网。

（1）安全可靠。采用成熟可靠、技术先进、自动化程度高的配电设备，建成坚强合理、灵活可靠、标准统一的配电网结构，提升供电可靠性。到目标年 A+、A、B、C 类区域用户年平均停电时间分别不超过 5min、52min、3h 和 12h，供电可靠率分别达到 99.999%、99.990%、99.965% 和 99.863% 以上。10kV 主干线路联络率达到 100%，10kV 线路 $N-1$ 通过率达到 100%。

（2）优质高效。建成科学高效的配电网运营管控体系，加强经济运行管理，减少电能损耗，提高供电质量，贯彻全寿命周期管理理念，提高配电设备利用效率，实现资源优化配置和资产效率最优。A+、A、B、C 类区域综合电压合格率分别达到 99.99%、99.97%、99.95%、99.79%。

（3）绿色低碳。综合应用新技术，提升乡村配电网接纳分布式电源及多元化负荷的能力，服务电动汽车充电设施发展，保障充换电设施无障碍接入。注重节能降耗、节约资源，实现配电网与环境友好协调发展。

（4）智能互动。建成全覆盖的配电自动化系统和配电网智能化运维管控平台，提升设备状态管控力和运维管理穿透力，实现配电网可观、可控。以配电网为支撑，逐步构建能源互联网，促进能源与信息深度融合，推动能源生产和消费革命。建立智能互动服务体系，满足个性化、多元化用电需求，提高供电服务品质，实现源网荷友好互动。

二、乡村配电网建设内容

乡村配电网建设应进一步深化配电网标准化，在配电网整体规划框架下，以“网格”为落脚点，坚持“因地制宜、一步到位、统筹兼顾、分步实施”的原则，在乡村配电网网架结构、设备选型、智能化建设和多元负荷消纳等方面开展建设改造工作。

（一）加快构建坚强合理的网架结构

坚持目标网架引领，落实标准化、差异化建设理念，规范主干网架结构，提高标准接线比例，建成结构规范、运行灵活、适应性强的坚强智能乡村配电网网架结构，为提高供电可靠性奠定基础。

针对新建配电网：①遵循差异配置的原则，分区域构建结构简单、标准统一、界限清晰的目标网架；②针对各供电区域可靠性需求，提升配网建设标准，形成适应乡村发展的配电网典型供电模式，实现配电网建设的标准化、模块化；③优化线路通道，与乡村规划、土地规划相结合，实现土地、走廊的提前预留，保障中压配电网支撑电源点的建设需求。

针对存量配电网：①按照"远近结合、分步实施"的原则，科学制定过渡方案，对于未满足目标网架标准接线要求的现状电网，结合配电网建设、乡村建设改造业扩类项目适时改造，经济高效地过渡至目标网架；②优化调整现有中压线路联络与分段设置，全面提升配电网互联互供能力，彻底解决中压配电网结构不清晰、联络不合理、交叉或迂回供电等问题，提高配电网负荷转供能力。

（二）积极推动配电网设备技术升级

通过精简设备类型、优化设备序列、规范技术标准，提高配电网设备通用性、互换性。按照"成熟可靠、技术先进、节能环保"原则，注重节能降耗、兼顾环境协调，采用技术成熟、免（少）维护、低损耗、小型化具备可扩展功能的设备。完善智能设备技术标准体系，引导设备制造科学发展，推进配电网设备一二次融合，提升设备本体智能化水平，同时结合配电网改造计划，逐步开展中低压配电网建设改造，推动存在安全隐患及非节能型配电设备的升级换代。

（三）大力推进智能配电网建设

建设开放式新一代配电自动化系统，打造具备"智能感知、数据融合、智能决策"三大特点的智能配电网。以国家电网公司"十四五"配电网规划为依据，按照配电自动化与配电网网架"统筹规划、同步建设"的原则，采取"主站一体化、终端和通信差异化"的模式，全面推进配电自动化建设。遵从智能配电网信息化"两系统一平台"顶层架构，推进新一代配电自动化主站建设；按照增量配电网同步实施配电自动化，开展既有配电网差异化改造和配电自动化线路改造；推广新技术试点应用，推广一二次设备融合、智能配变终端及低压物联网、智能分布配电自动化等新技术应用。

（四）实现分布式电源及多元负荷全接入全消纳

推广应用新技术，满足分布式电源广泛接入的要求，提升配电网对分布式电源的消纳能力，合理布局，有序建设。做好配电网建设改造方案与充换电设施布局的衔接，建设电动汽车智能充换电服务网络，提高电动汽车充换电站投运率和分散式充电桩通电率。

三、配电网网格划分原则

配电网网格划分原则包含供电网格属性分类原则，供电分区、供电网格、供电单元划分原则，网格命名及编号原则三部分内容。

（一）属性分类原则

在《配电网规划设计技术导则》中关于供电区域划分标准的基础上，对应制定基于可靠性水平要求的网格属性分类原则，同时考虑当地实际情况，将用电网格属性划分为城市、城镇、农村三种地域类别和 A+、A、B、C、D 五种供电区域类型，地域类别、供电区域类型、负荷水平及供电可靠性水平之间的对应关系如表 6–1 所示。

表 6–1　　供电分区负荷密度指标表

地域类别	供电区域类型	行政级别供电可靠性水平			供电可靠性水平
		省会城市 计划单列市	地级市	县（县级市）	分类
城市	A+	$\sigma \geqslant 30$	—	—	高可靠供电区
	A	市中心区或 $15 \leqslant \sigma < 30$	$\sigma \geqslant 15$	—	高可靠供电区
	B	市区或 $6 \leqslant \sigma < 15$	市区或 $6 \leqslant \sigma < 15$	$\sigma \geqslant 6$	可靠供电区
城镇	C	城镇或 $1 \leqslant \sigma < 6$	城镇或 $1 \leqslant \sigma < 6$	城镇或 $1 \leqslant \sigma < 6$	可靠供电区
农村	D	农村或 $0.1 \leqslant \sigma < 1$	农村或 $0.1 \leqslant \sigma < 1$	农村或 $0.1 \leqslant \sigma < 1$	一般供电区

注 1. σ 为供电区域负荷密度（MW/km^2）。

2. 计算负荷密度时，应扣除 110kV 专线负荷，以及山体、水域、森林等无效供电面积。

（二）网格划分原则

网格划分主要考虑满足供区相对独立性、网架完整性、管理便利性等方面需求，根据电网规模和管理范围，按照目标网架清晰、电网规模适度、管理责任明确的原则，从规划、建设、运维、抢修工作组织架构和管理界面出发，综合考虑地域属性、负荷发展、电网规模、建设标准等技术条件，将市区、县域按配电网供电范围，在地理上细化为配电分区、用电网格两个地域层级，同时考虑规划和建设项目要素，将用电网格的供电线路按典型接线划分为供电单元，形成三个层级的网格体系。各级网格配电网关系如图 6–1 所示。

图 6-1　各级网格配电网关系图

1. 配电分区划分原则

配电分区指按照行政区域边界（市区或县域）和相对独立的配电网建设、运维、抢修服务及管理权限边界（一个供电营业部或供电营业部下辖一个供电所），按有利于本单位配电网规划、建设、运维、抢修服务全过程贯通的方式，确保工作协调统一、高效衔接，将配电网在地理上划分成为 10（20）kV 网架结构相对独立，具有一定的“自治自愈”能力的供电分区。

2. 用电网格划分原则

用电网格指在配电分区内部，以目标年负荷预测为基准，结合道路、河流、山丘等地理特征，考虑变电站供区、标准网架、线路分布、可靠性要求等因素，在地理上划分形成的较小供电区，可结合城乡控制性详细规划中的功能分区进行划分。用电网格一般由若干个相邻的、供电区域分类等级相同或相近的、用电性质或对供电可靠性要求基本一致的地块（或用户区块）组成。一般应满足两个条件：①具备 2 个及以上主供电源，且电源间具备一定转供能力；②包含 2 ～ 6 组 10（20）kV 典型接线或相应数量 10（20）kV 线路（一般可参考目标年 20 条线路规模量），且线路结构相对完整。

3. 供电单元划分原则

供电单元指向用电网格内某一个或几个地块（或用户区块）供电，且构成典型接线的一组 10（20）kV 线路。供电单元是配电网格中体现供电可靠性差异化要求的最小单元，其接线形式、建设型式为影响供电用户供电可靠性的主要因素。在技术层面，供电单元为网架分析、网架项目方案的最小单元；在管理层面，为网架规划、建设管理的最小项目单元。网格划分主要考虑供电区域相对独立性、网架完整性、管理便利性等方面需求，根据配电网规模和管理范围，按照目标网架清晰、电网规模适度、管理责任明确的原则，将市区、县域 10kV 配电网供电区域划分为多个供电分区，一个供电分区包含若干个供电网格，一个供电网格由若干组供电单元供电。

（三）命名及编号原则

（1）配电网格命名。配电网格命名宜选择能够较为明显体现该网格特征的行政区域、组织机构、典型地域等内容。

（2）供电分区宜选择相对应的供电营业部、供电所名称为供电分区名称，如湖州安吉递铺分区、湖州安吉梅溪分区。

（3）供电网格应在供电分区的基础上，选择代表性地名为供电网格名称，如湖州安吉天子湖分区高禹网格。

（4）供电单元在供电网格的基础上，可选择组成该供电单元典型接线组的 10kV 线路名称为供电单元名称，如湖州安吉递铺分区城西网格山水华庭供电单元，简称山水华庭单元。

（5）配电网格编号。配电网格编号宜体现所属单位、供电分区、供电网格名称和网格属性等字段信息。

四、乡村配电网接线方式选取

乡村配电网应根据供电区域属性，在满足供电可靠性前提下，结合城乡规划和电网规划，选取适宜的接线方式，整合网格项目建设方案，实现单一建设方案效益的最大化，标准化建设，避免重复投资。不同区域配电网典型接线方式汇总如表 6–2 所示。

表 6–2　　不同区域配电网典型接线方式汇总

供电区域	适用模式
A+	双环式、双环三双式、扩展型双环三双式、多分段适度联络三双式
A	单环式、双环式、多分段适度联络
B	多分段单联络式、多分段适度联络式、单环式、双环式
C	辐射式、多分段单联络、多分段适度联络式、单环式
D	辐射式、多分段单联络式

1. 多分段单联络接线

多分段单联络接线方式接线组总运行负荷在线路输送容量 50% 以下，将来自不同变电站（开关站）的中压母线，由于其他因素限制也可在相同变电站（开关站）不同中压母线的两条馈线连接起来，任何一个区段故障，均可通过联络开关将非故障段负荷转供到联络线路。多分段单联络接线方式如图 6–2 所示。

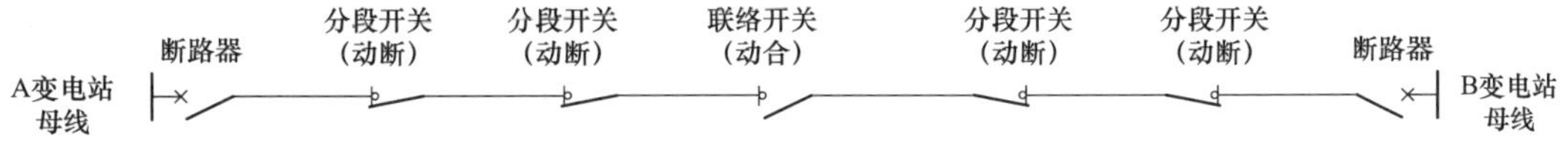

图 6–2　10kV 架空线路多分段单联络接线方式

2. 三分段三联络接线

三分段三联络接线方式接线组总运行负荷在线路输送容量 75% 以下，将来自不同变电站（开关站）的中压母线，由于其他因素限制也可在相同变电站（开关站）不同中压母线的两条馈线连接起来，任何一个区段故障，隔离故障分段、合理判断并闭合联络开关，将故障分段后段负荷转供至联络线路。三分段三联络接线方式如图 6-3 所示。

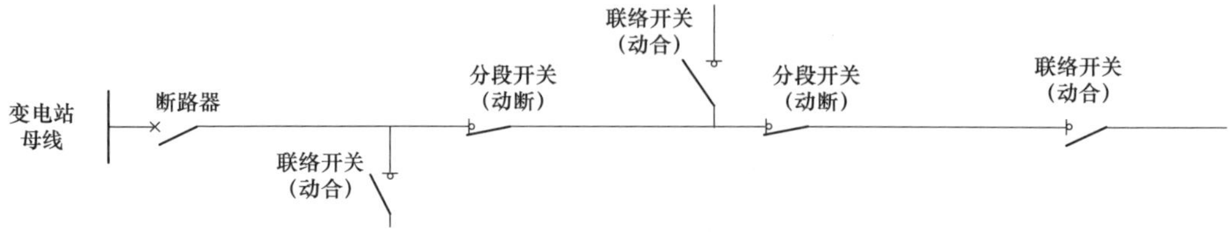

图 6-3　10kV 架空线路三分段三联络接线方式

3. 电缆单环网接线

电缆单环网接线组总运行负荷在 7.5MW 以内[主干线电缆采用 ZC-YJV22-400（300）电缆]，接线组别满足线路 *N*-1 要求，将来自不同变电站（开关站）的中压母线，经若干环网室（箱）将两条主干电缆连接起来。电缆单环网接线方式如图 6-4 所示。

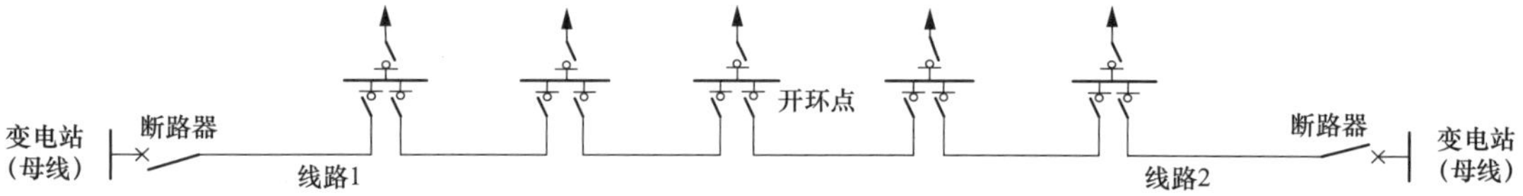

图 6-4　电缆单环网接线方式

4. 电缆双环网接线

电缆双环网接线组总运行负荷在 15MW 以内[主干线电缆采用 ZC-YJV22-400（300）电缆]，接线组别满足线路 *N*-1 要求，将来自 2 座及以上变电站（开关站）的不同中压母线，经若干环网室（箱）后分别形成两个并列单环网构成主干环网。10kV 电缆线路双环网接线方式如图 6-5 所示。

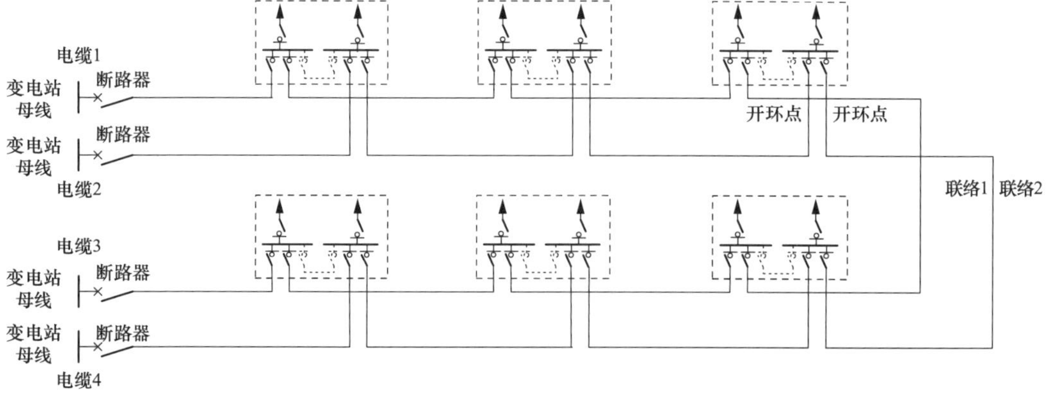

图 6-5　10kV 电缆线路双环网接线方式

五、乡村配电网建设原则

（一）优化网架结构

对结构复杂、分段不合理、联络不合理、供电区域交叉、超供电半径、迂回供电、廊道不足、大分支线等问题提出建设改造项目需求，包括变电站 10kV 新出线路，联络、分段新建及改造，为满足 N–1 而进行的主干线及重要分支线的改造，为解决复杂联络或供电区域交叉而进行的线路切改等。

1. 合理设置分段开关

根据用户数量、通道环境及架空线路长度合理设置分段开关。分段内接入用户过多，在检修或故障情况下，不利于缩小停电区段范围。应合理增设分段开关，按表 6–3 要求控制分段内用户数量及分段线路长度。

表 6–3　　中压架空线路分段内用户数及分段线路长度推荐表

区域	分段内用户数（户）	分段线路长度（km）
A+、A	≤ 6	≤ 1
B、C	≤ 10	≤ 2
D、E	≤ 15	≤ 3

注　架空线路分段统计为分段开关间主干线线路段，其中分段开关包括自动化功能的分段开关和手动操作分段开关。

2. 加强线路联络

如果线路无联络，则检修或故障时无法将非检修段或非故障段负荷进行转移，应优先在线路末端增设联络。如线路联络点偏少（1 ~ 2 个联络点），检修或故障时全线负荷无法分区段、分散转移至相邻联络线路，应根据线路分段情况，优先在负荷较大的分段内增设联络。对由于联络点设置不合理造成负荷转供时出现电能质量问题，在考虑线路负载率的同时，要统筹考虑供电半径及电压质量，合理设置联络点。单联络线路联络点位于线路前端，方式调整时无法实现线路负荷分段灵活转供，应调整或增设线路联络点。单一分段内有两个以上联络点或全线路联络点超过三个，负荷调整方式复杂，应优化线路联络点设置，取消无效联络。对联络线段线径偏小，负荷转供能力受限的，应按主干线标准进线改造。联络电源选取不合理，多为同一变电站（同一母线）出线，缺乏与不同变电站的异电源联络，特别在 A+、A、B 类供电区域，配网对上级电源的支撑和负荷转供能力不足。应优先选择异站出线进行联络改造。

3. 超前设计预留通道

低压架空线路主干线截面应按远期规划一次建成，以满足远期发展用电负荷的要求。导线截面选择应系列化，同一规划区内主干线导线截面不宜超过 3 种。各供电区域低压架空线路导线截面参考表 6–4 选择。考虑负荷发展需求，低压线路可按 10kV 线路电杆选型，为 10kV 线路延伸预留通道。

表 6–4　　低压线路导线截面参考

线路类型	供电区域类型	主干线（mm^2）	支线（mm^2）
电缆线路	A+、A、B、C	≥ 240	
架空线路	A+、A、B、C	≥ 120	≥ 70
	D、E	≥ 70	≥ 35

注 1. 表中推荐的架空线路为铝芯，电缆线路为铜芯。

2. A+、A、B、C 类供电区域宜采用绝缘导线。

（二）提高装备标准

对高损耗配电变压器，淘汰型号、家族性缺陷产品，受外部破坏严重，运行环境恶劣，经状态评价后需改造的设备设施，按照新标准要求提出建设改造项目需求，包括高损耗配电变压器更换、老旧线路及设备升级改造、防雷防灾改造、绝缘化改造等。

1. 10kV 架空线路

架空线路重、过载，造成线路供电能力受限，应对导线进行扩径更换或对负荷进行拆分。主干线（含联络线）局部线段线径偏小，存在卡脖子情况，应按主干线建设标准进行改造。由于变电站出线开关电流互感器变比小，架空线路供电距离过长造成线路供电能力受限的，应按照线路远期规划对电流互感器设备进行更换，对架空线路长度进行调整。

2. 10kV 电缆线路

对重、过载的电缆线路或存在卡脖子情况的，优先通过网络优化和负荷调整进行解决，无法调整的，可通过扩径改造或并接电缆的方式进行改造。随着电网及负荷发展，现有电缆通道无法满足新建电缆线路需求的，应对原有通道扩建改造或另选路径新建。

（1）配电变压器。对重、过载配电变压器，无法通过对现有配电台区供电范围进行合理分区和负荷调整的，应优先安排进行新增配电变压器布点，根据负荷增长情况适时进行增容改造。当低压用电负荷时段性或季节性差异较大，平均负荷率比较低时，可选用非晶合金配电变压器或有载调容变压器。用地紧张处，可采取小容量变压器单杆安装方式。台区低压线路重、过载，造成线路供电能力受限，应对导线进行扩径更换或对负荷进行拆分。对局部线段线径偏小，存在卡脖子情况，应按低压主干线建设标准进行改造。老旧小区、小街小巷和农村等区域，台区低压线路采用单相供电方式的，如无法满足负荷要求，应进行三相四线制改造。

（2）供电质量。中压线路供电距离过长、线路负载过大、导线截面偏小，导致线路末端电压偏低，可考虑新增变电站出线、调整线路长度、导线扩径改造、降低线路负载。配电变压器布点不足或远离负荷中心、导线截面偏小，导致台区末端电压偏低，优先考虑新增和优化配电变压器布点、调整台区供电范围、导线扩径改造。配电变压器三相负荷不平衡，导致重载相电压偏低，应通过三相四线制改造，均匀分配台区单相负荷。在10kV线路功率因数低于0.9的超供电半径线路，宜加装10kV并联无功补偿装置；10kV单辐射超供电半径配电线路的（不含分布式电源），线路首末端电压降小于20%，可装设单向调压器；配电变压器台区无功补偿装置容量配置不足，功率因数低于0.9，应按照配电变压器容量的10% ~ 30% 配置无功补偿装置或加装低压静止无功发生器（SVG）。含分布式电源、负荷波动大、带联络的10kV超供电半径配电线路，线路首末端电压降小于20%，可装设双向调压器，容量根据安装点前后用电负荷与电源容量确定。大量分布式电源、大容量冲击性和波动性负荷接入配电网系统，造成系统谐波超标时，应装设电能质量监测装置，配置专用滤波装置等措施。

（三）提升智能水平

对配电自动化终端及相关配电设备和通信网络，为满足微电网、储能装置、电动汽车充换电设施等大量接入提出建设改造项目需求，包括配电终端建设改造、通信网络建设改造、满足分布式电源及多元化负荷接入所需的配套项目等。

1. 因地制宜自动化覆盖

对于A+、A、B、C类供电区域，架空线路宜采用就地型馈线自动化，电缆线路宜采用集中型馈线自动化；对于重要用户所在线路，宜选取线路关键分段开关及联络开关实施“三遥”改造；对于非重要用户所在线路，可采用安装远传型故障指示器；对于开关站应实现“三遥”功能。对于D、E类供电区域，配电线路采用远传型故障指示器，实现故障的快速判断定位，缩短故障查找时间；对于长线路，可在远传型故障指示器之间加装就地型故障指示器，进一步缩小判断故障区间，便于抢修人员查找故障。

2. 同步规划实施

配电自动化应与配电网建设和改造同步规划、同步设计、同步建设、同步投运，遵循标准化设计，差异化实施原则，充分利用现有设备资源，因地制宜地做好通信、信息等配电自动化配套建设。配电自动化建设与改造应遵照Q/GDW 1382《配电自动化技术导则》、Q/GDW 1625《配电自动化建设与改造标准化设计技术规定》等标准的具体要求，合理选择配电自动化系统的建设规模、软硬件配置和主要功能及实现方式。

配电自动化建设应以一次网架和设备为基础，统筹规划，分步实施。结合配电网接线方式、设备现状、负荷水平和不同供电区域的供电可靠性要求进行建设改造，统筹应用集中、分布和就地式馈线自动化装置，合理配置“三遥”自动化终端，提高“二遥”自动化终端应用比重。优先对网架稳定、能够充分发挥配电网自动化系统功能作用的区域开展配电自动化建设；已建成配电自动化主站的地区，应按照整区域逐步覆盖的要求开展配电自动化扩建。

3. 自动化要求

配电自动化通信网络应满足实时性、可靠性等要求，因地制宜，宜采取多种通信方式互补，其通信通道可利用专网或公网。配电网电缆通道建设时，应同步预留通信通道。配电自动化系统信息交互应符合电力企业整体信息集成交互构架体系，遵循纵向贯通、横向集成、统一规范、数据源唯一、数据共享的原则；满足电力监控系统安全防护有关规定。

（四）深化新技术应用

对“大云物移智”相关新技术、标准化定制设备应用提出项目需求，包括智能配电变压器终端、复合材料横担、环保型金属封闭开关设备、一体化柱上变压器台、一二次成套化配电设备、10kV 电缆超低频介质损耗检测等新技术、新设备应用等。

1. 淘汰高损耗配电变压器

淘汰 S7（8）及以下高损耗配电变压器；逐步更换 20 年及以上 S9 高耗能配电变压器；选用非晶合金变压器和有载调压变压器应对配电变压器长期轻载或负荷波动性较大的情况，安装无功补偿装置，实现节能降损；采取相应措施解决配电变压器噪声超标问题。S7（8）及以下高损耗配电变压器全部更换为 S13 及以上配电变压器，运行 20 年以上 S9 高耗能配电变压器应逐步更换为 S13 及以上配电变压器。季节性轻（空）载的配电变压器应改造为非晶合金配电变压器，负荷波动频繁的配电变压器可改造为有载调压变压器。配电变压器未在负荷中心供电，低压线路供电半径较长，应将配电变压器迁改到负荷中心或新增配电变压器。10kV 配电变压器（含柱上变压器、箱式变电站）及 10/0.4kV 配电室安装无功自动补偿装置时，应符合下列规定：①在低压侧母线上装设，容量可按配电变压器容量 10%～30%考虑；②应根据无功需量安装具有自动投切功能的无功补偿装置。

2. 满足分布式电源并网安全接入

分布式电源继电保护和安全自动装置配置应符合相关继电保护技术规程、运行规程和反事故措施的规定，装置定值应与电网继电保护和安全自动装置配合整定，必要时应按双侧电源线路完善保护配置，防止发生继电保护和安全自动装置误动、拒动。接入分布式电源的 380（220）V 用户进线计量装置后开关以及 10（35）kV 用户公共连接点处分界开关，应具备电网侧失压延时跳闸、用户单侧及两侧有压闭锁合闸、电网侧有压延时自动合闸等功能，确保电网设备、检修（抢修）作业人员以及同网其他客户的设备、人身安全。其中，380（220）V 用户进线计量装置后开关失压跳闸定值宜整定为 20%U_N、10s，检有压定值宜整定为大于 85%U_N，10（35）kV 用户公共连接点处分界开关失压跳闸定值宜整定为 20%U_N、0.2s，检有压定值宜整定为大于 85%U_N。

3. 电动汽车充电桩设计

电动汽车充电桩进线电源根据容量由小区内配电站或低压电缆分支箱低压出线接至供电箱，再由供电箱送至每个充电桩。低压线路供电半径通过负荷距校核满足末端电压质量的要求。新建住宅小区配电站、低压电缆分支箱应预留低压出线仓位，至规划机动车位区域；建设小区排管时，小区规划车位区域视现场情况敷设多孔排管，作为电动汽车充电桩的预留孔位。

大型公用电动汽车充换电站宜采用专用变压器，其不宜接入其他无关的负荷。充换电站应采取电能治理措施，改善电能质量。电动汽车充换电设施电能质量应满足GB/T 29316《电动汽车充换电设施电能质量技术要求》的规定，充电桩的接入应三相交叉及间隔布设，避免低压系统中性点偏移、电压异常。

第二节　数智化供电所

一、数智化供电所建设概述

围绕“数字转型、提质增效、基层减负、素质提升、融合融通”理念，依托数供平台，实现业务工单化，工单数字化，数字绩效化。探索优化供电服务公司运作模式，研究梳理供电所协同融合下核心岗位、绩效评价机制，建设“管理协同融合、业务工单驱动、人员复合高效、运营智能精益”的数智化供电所。开展数智化供电所转型提升建设，挖掘数智化内驱动力，深化供电所各领域数智化技术探索和应用实践，充分体现供电所减负、提质、增效成效，供电所管理、运营和服务效率效益明显提升，在提质增效和优质服务上“走在前、作示范”，更好地满足人民群众美好生活用电需求，高质量服务浙江经济社会发展。

二、数智化供电所建设原则和内容

（一）建设原则

推进数智化供电所实际工作中，需要遵循以下原则：

（1）坚持创新引领。加强对先进技术、先进理念的学习应用，突破体制机制束缚，激发基层创新活力，引领供电所高质量发展。

（2）坚持减负增效。应用数字技术手段切实减轻基层员工负担，增强数据对业务的支撑驱动作用，提高员工现场作业效率和服务质量。

（3）坚持分步实施。考虑供电所基础条件差异，对数智化应用采取分步实施策略，条件好的供电所先行先试，及时总结经验成果，形成体系性的创新突破，然后逐步推广应用。

（二）重点建设内容

1. 深化供电所协同融合

（1）优化完善网格化管理模式。坚持设备到人、责任到人、指标到人、考核到人的机制，优化班组设置，整合人力资源，建立供电所协同融合与专业标准有机衔接的标准体系。中压实行专业协同管理，实施设备主人制；低压实行网格化管理，实施台区经理制。落实供电所业主项目部职责，开展业主项目部标准化创建工作。

（2）推行营配协同作业机制。明确供电所业务范围和管理模式，通过机构调整、人员整合、业务培训等方式，逐步构建供电所协同融合的管理模式，实现属地业务全覆盖、营配末端全融合、服务方式全渠道、工作管控全过程、相关专业全支撑的目标。落实配电网建设属地协调推进机制，加快提升配电网供电能力、配电线路互联转供能力和智能化水平，全面支撑业扩配套建设和负面设备治理。

2. 实现业务工单驱动

（1）打造供电所“智慧中枢”。优化完善数供平台功能，整合业务数据，打造全业务指标数据集中展示、全景监控的供电所“智慧中枢”。建立健全供电所综合业务支撑体系，充分发挥供电所业务骨干和技术权威力量，依托“智慧中枢”“顺风耳和千里眼”功能，通过数字化手段高效完成远程技术支持、综合业务调度和服务质量管控等工作，真正实现数智化全能型供电所强前端、大后台的管理目标。

（2）建立工单驱动业务管理模式。构建前后台协同闭环管控机制，加快工单驱动业务的管理模式在供电所落地，实现供电所业务管理向业务工单化、工单数字化、数字绩效化转变。挖掘工单化管控数据的价值应用，推进供电所业务量与人力资源承载力的大数据分析，优化供电所人员配置和绩效管理，实现工作负担合理分配、工作质效跟踪管控、绩效评价高效透明，实现工作量定额化，工作时间可量化，绩效统计自动化。推进供电所各类业务的人、材、机消耗与作业标准成本同维度归集，实现工单数据自动提取，每台设备成本可视化，实现供电所业务与成本相匹配。

3. 加强配电专业管理

（1）优化配电网设备组织管理模式。以国网设备部关于加强供电所配电专业管理的意见为指导，构建“三精两优”（队伍精干、装备精良、管理精益、服务优质、业绩优秀）现代化供电所配电专业管理体系，推动“中低压统筹、一二次兼顾、运检抢一体”的配电全功能核心班组建设，将主业核心班组 + 业务委托队伍两级专业化运检队伍进行优势互补。中压设备加强专业化管理，台区低压设备实施营配融合管理。逐步配齐生产分管所长，明确安全员、技术员职责设置，同步实行岗位兼职制度，制定详细的岗位职责分配、工作流程和岗位标准。

（2）提升配电网业务专业化水平。以供电所配电网专业管理指标体系为导向，建立指标“现状看板”和“目标看板”，有效查找管控过程中的薄弱环节，推动业务精准实施。完善供电所业主项目部配置，加强配电网工程全过程管控，提升配电网工程建设质量。深化无人机自动巡检应用，推进智能融合终端的建设，提升配电网智能化运维水平。以配电自动化实用化为抓手，加快推进县域自动化全覆盖，持续压降配电网故障平均修复时长。大力推行综合不停电作业，夯实不停电作业网架及设备基础，全面补强不停电作业力量。

4. 强化员工队伍建设

（1）培养复合型人才。采用集中培训与岗位培训、技能比武、实操训练相结合的方式，开展营配知识技能交叉培训和内部调考，补齐专业知识短板，确保复合型岗位的履职能力。

（2）通过新业务创收。基于供电所协同融合、并充分考虑高压业务和新型业务实际承担能力基础上，优化供电服务公司运作模式，通过供电服务公司由供电所集体企业直签职工（农电员工）承担10（20）kV配电网建设运维和新型业务等工作后，合法合规提高其收入。

（3）完善绩效薪酬机制。梳理业务调整后的供电所岗位序列，针对不同岗位、不同编制的人员，完善绩效薪酬机制。健全供电服务公司员工成长体系，建立专业发展通道，分级实施津贴激励。加大以业绩和技能为导向的考核力度，在原有供电所绩效体系基础上，研究基于协同融合的数智化供电所绩效体系，保证多劳多得、优劳多得的激励导向。

5. 加强数据治理和应用

（1）构建供电所多维精益数据分析模型。推进供电所运营＋成本管控模式，将作业标准成本理念植入项目立项—计划—实施—结算全过程，进一步优化供电所实际检修运维成本在作业层级的可靠计量，合理构建供电所投入产出多维成本数据分析模型，直观展现供电所供电服务关键指标运营水平及各项成本支出情况，辅助企业提质增效、精准决策。建立供电所数据资源池，对供电所资产、业务等基本情况进行数字化精准画像。构建供电所经营质效数字化评价体系，结合作业标准成本，对供电所人力成本、业务外包成本、大修成本、资产投入、服务成本等进行综合分析，建立多维度评价体系，自动出具供电所经营评价分析报表，为增供扩销、人资提效、资产盘活等提供数字化支撑。

（2）加强营配基础数据治理。推进电缆及管线数字化，开展台账管理、移动巡检、电缆故障定位、辅助规划设计等应用，实现电缆管线全寿命周期的业务管理，提升配网电缆专业精益化管控水平。加快推进图数治理辅助工具落地应用，厘清变电站—箱变—用户拓扑关系，完善增量数据及异动数据动态管控流程。开展辅助业扩报装、主动抢修、台区线损理论计算和停电信息分析、通知到户等营配贯通应用。

6. 推进智能设备和数字化应用

（1）打造可视化、数字化台区。强化数据采集，加快老旧采集终端改造，推广能源控制器和HPLC高速载波通信方式，全面提升高频数据采集、停电主动上报、时钟精准管理、相位拓扑识别、台区自动识别、ID统一标识管理、档案自动同步等功能，推进低压精品台区技术革新，支撑低压台区用能优化和需求响应业务。推广应用台区智能融合终端，实现运行状态智能感知、营配业务贯通提升、源网荷储综合优化三大类功能场景应用，提升台区精益化管理水平。

（2）推进数字化智能设备应用。加快推广无人机在查勘、施工、监理、验收、巡检等多环节应用；积极推广带电作业机器人、智能语音催费等数字化应用；加强与科研院校、高科技企业合作，积极开展科技创新，通过数字化智能设备实现机器代人、减员增效。建立多业务、多作业主体的数字化移动作业模式，推进配电现场业务数字化全覆盖。

（3）开展数据合作提升服务能力。加快办电业务融入政府政务服务网、“浙里办”平台，实现身份证件“网证”，办事窗口、自助机刷脸可办。持续推进客户标签库建设运营，一个数据一个标签，提前预判客户需求，实现主动式客户服务。大力推广网上国网 App，试点应用云服务微厅工作模式，全面提升个性化服务能力。

三、数智化供电所建设典型经验

（一）业务工单化管理

利用数智供电所管理平台和移动作业终端，在城区两个低压班组推行业务工单化管理模式，通过周计划、日计划的制定、派发以及反馈进行业务全流程管控，并根据工单分值反映员工工作状态及质量，进一步提升营配融合工作质效，做到过程管控有抓手、绩效考评有依据，营造和谐良好的比、学、赶、帮、超氛围，助力供电所数智化转型升级。

1. 工作背景与目标

（1）工作背景。某供电所城区低压班组成员主要由原专业抄表催费员和计量装接人员通过业务转型而来。在班组内部通过网格化方式将除抢修外的全业务融入网格进行管理，对人员的业务水平、综合能力、工作素养等提出了更高要求。抄表员原来的工作方式是以“结零”为目标的松散管控，业务能力单一、工作素养偏低，缺乏计划刚性、零时差、零差错、零隐患等方面认知，不利于低压营配融合和全能型员工建设。经过比对，考虑通过业务工单化的方式，通过数供平台和终端开展日常工作的工单化流转与管控，可以在一定程度上破解当前面临的难题。

（2）工作目标。

1）形成按计划开展工作的习惯。破除抄表员原有的松散型工作习惯，通过每日派单的方式将台区巡视、隐患巡查、社区服务、App 推广、现场勘查等工作以计划任务的方式落到网格，形成“每天都有活，人人都有活”的局面，让员工逐渐适应从简单的抄催人员到综合型的网格服务人员的角色转换。

2）形成日常工作受控在控的模式。业务工单通过现场定位、照片（或视频）回传等方式进行反馈，班组长对员工的工作状态、工作质量可以适时进行把控，避免了放羊式管理。每天定时对工单进行督办，做到当日事、当日毕，客观原因当日无法完成的，也要由班组长审核把关。

3）形成比绩效、争标杆的良性竞争格局。在试点过程中，将各网格和网格员的业务工单的数量和质量在一定程度上与其月度绩效考核挂钩，体现出多干多得、干好多得的绩效导向，促进员工与员工、网格与网格的良性竞争。

2. 具体做法

（1）全面梳理前期业务类型，确保业务工单化全覆盖。针对班组年度、季度、月度需完成公司、所部的年计划、月计划、周计划任务，整理业务工单化的业务类型清单目录。根据清单内每项工作内容的完成要求情况以及工作的难易程度进行赋分。考虑到台区经理工作内容和要求一致，所以业务工单化目前在台区经理岗位试行。根据专业分类已梳理 7 大专业，业务类型 18 项。根据各班组实际情况，由各班组对每项业务类型进行赋分；每项业务因难易程度及紧急度要求差异，针对表计轮换、App 推广等需组团完成的工作，工作负责人的分值高于工作班成员的分值；针对工作任务的紧急程度、完成难度存在差异，对同类型工作，在不同的月份赋予不同的分值。各班组按月实行业务类型及分值的动态更新，并提前将方案发送至各网格长及台区经理，广泛征求意见建议，无异议后方可实行。其中试点项目专业类型、单项分值、网格长与网格员基分等均通过民主集中方式由所班两级会商确定。

（2）加强工单过程管控，确保业务完成高质高效。任务线上运转和积分适时归集是重点，也是难点。试点班组根据工作需要，提前制定下周各网格的任务计划及工作要求，各网格结合各自工作内容以及人员等情况，按日分解派发工单，各工单明确工作内容、完成时限、质量要求以及工作负责人，要求即时反馈班组。班组定期评估各网格工作安排的科学性和合理性，及时沟通调整并进行日常指导，确保工作内容按要求保质保量完成。

（3）持续绩效应用优化，确保工单绩效合理化、科学化。班组成立业务工单管控小组，建立日通报、周例会、月评价机制。管控小组每日通报工单完成情况、次日工作内容等每周在班组例会上通报每周各网格工单的完成情况。班组通过异常工单的汇总统计，在会上讨论解决实际工作中遇到的问题。各网格长在会议上分析上周工单完成情况，交流分享好的经验做法。

班组通过数供平台统计，每月汇总各网格的工单数量以及工分。各网格每月 5% 的绩效（增量）部门以月度工单完成数量以及质量作为绩效分数的依据，工作量和工分较高的网格，绩效分也会高于其他的网格。试行阶段，按月开展绩效分析，邀请公司人资部、运检部、营销部等职能部门参与讨论，逐步优化工单选项和积分细则，绩效关联额度随着试点的推进逐步强化。

3. 实施成效

2020 年 12 月起，某供电所开始试点业务工单化，两个低压班组通过开展业务工单化，打破台区经理传统的工作模式，逐步改善台区经理的工作习惯，强化台区经理的岗位职责意识，引导台区经理结合自身情况制定工作计划并严格执行。加强网格内的协同合作能力，营造各网格之间、台区经理之间的“比、学、赶、帮、超”氛围。通过对每类业务工单类型赋分，根据难易程度、紧急度等考量因素，量化每项工作的分值，激发台区经理多劳多得的主观能动性。班组可通过“一平台”查询每日工单的完成数量和质量，并对每条工单进行评分，每月可在数供平台中自动汇总完成数量及总分，并纳入台区经理月度绩效考核。试点阶段，网格之间业务工单分差 10 分左右。后续将根据试点情况，进一步拓展全业务纳入工单化管理，完善积分标准，并通过设置专项奖励，推动实现数智型供电所业务工单化、工单数字化、数字绩效化目标。

（二）末端业务融合建设

为深化供电所管理，实现业绩新突破，某供电所以培训为抓手加强员工队伍建设，通过所层面、班组层面开展全员“薪”学堂活动，针对青年员工开展“薪”计划培育，针对班组长开展每周上讲堂十分钟讲课，针对业务整合开展高低压融合抢修以及高压业扩验装接一体化等业务专项培训，进一步提升新进供电所员工队伍整体素质和技能水平，达到数智型供电所建设要求，实现供电服务质量再上台阶。

第三节　智慧抢修服务

一、主动抢修服务

（一）实施方案

1. 建设目标

开展终端停上电研判技术升级，支撑用户侧停电主动抢修工作开展，实现由被动抢修变为主动抢修，提高供电可靠性，提升客户服务保障能力，进一步优化供电营商环境，提升新型乡村供电服务水平，有效解决社会关注、群众关切的供电服务问题，提升用能消费体验，提高抢修效率，减少客户停电时间，降低客户投诉率。

基于用电信息采集终端停电大数据，建立停电事件准确性研判数据模型、停电综合研判模型，全方位提高停电事件研判准确性，精准定位停电影响范围。研究用电信息采集系统与供电服务指挥平台、95598业务支持系统等业务应用系统的信息交互与共享技术，第一时间指导配电网进行主动抢修，提供以客户需求为导向的主动服务，通过95598系统对停电用户第一时间主动告知相关信息，提高主动服务时效性和用户服务获得感。

2. 建设内容

（1）终端停上电事件的准确研判。依托用电信息采集系统用户全覆盖、电量及事件全采集的优势，利用大数据技术，对终端停上电事件开展数据清洗，剔除频繁上报、重复上报、逻辑矛盾等异常事件。

（2）终端停上电事件二次研判。通过主站侧对台区、用户的随机透抄校核，提升用户停电准确性；同时利用大数据分析，结合计划停电、业扩施工、周期轮换等系统信息，开展单户、楼道、低压分支线、台区等停电区域研判。

（3）多系统标准化推送接口设计。实现与多业务应用系统数据结构的信息系统交互模型设计，主要是面向供电服务指挥平台、95598业务支持系统等业务应用系统的信息交互接口开发，通过消息队列模式实现分钟级事件数据推送，支撑主动抢修工作及时开展。

（4）HPLC模块建设应用。通过大数据分析用户负荷数据，开展台区识别、相位识别工作；结合电能表掉电事件，开展台区停电事件大数据综合研判，实现停电台区、低压线路、用户的精准定位。

3. 总体框架与技术路线

本平台利用采集终端、总表、户表的装接关系及与台区、低压分支线、楼道、单元、表箱、用户的档案关联关系，通过对采集终端、总表、户表的停上电事件、掉电记录数据、电压情况等停电相关数据采集，运用大数据分析和人工智能等技术，研究停电事件精准研判，实现设备停电相关缺陷诊断，提高设备停电事件准确性；研究停电区域精准研判，建立实用、准确、快速的区域研判模型，实时研判台区、低压分支线、楼宇、表箱、用户的停电情况；研究面向多业务应用系统数据结构的信息交互模型，实现用电信息采集系统与供电服务指挥系统、95598 等其他业务应用系统间的信息交互与共享技术，快速高效地传送配电网抢修平台低压区域停电结果。

实现停电快速诊断，挖掘智能电能表非计量功能，极大提高停电研判精准度和实时性，拓展停电信息分析到户，支撑台区侧停电主动抢修工作开展，实现由被动抢修变为主动抢修，提高供电可靠性，推动实现营配贯道优化提升，从而进一步提升客户服务质量。停电区域精准研判如图 6–6 所示。

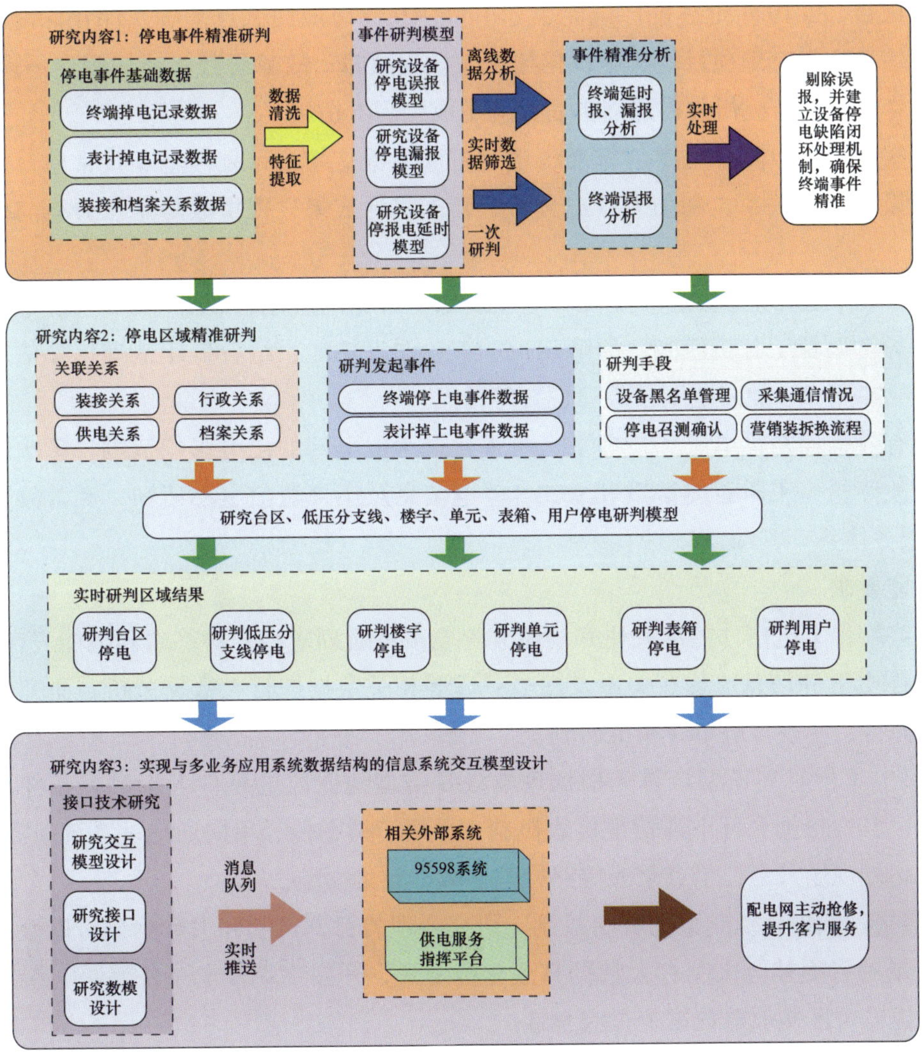

图 6–6　停电区域精准研判

（二）建设标准

1. 配套制度

（1）数据管理方面，遵循《国家电网有限公司关于营销大数据应用工作的指导意见》（国家电网营销〔2019〕105 号），积极推进营销大数据应用工作，并结合自身情况编制《国网金华供电公司营销专业大数据安全管控细则》等一系列配套制度及规范。

（2）数据安全方面，严格执行《国网营销部关于规范营销专业客户敏感信息脱敏工作的通知》（营销综〔2017〕65 号）中营销专业客户敏感信息脱敏规范要求，对 6 大类 23 项数据按照脱敏规则进行脱敏，在满足业务需求的同时，确保数据信息安全。健全数据使用审批规范，严格履行审批手续，在数据安全前提下，开放数据共享，支撑数据挖掘。

2. 基本原则

国网浙江省电力有限公司于 2018 年实施基于智能电表非计量信息应用的用电信息采集系统建设项目，2019 年继续推广电能表非电量信息高级应用试点范围及深化深度。智能电表非电量信息高级应用项目的实施，构建了“发现故障→故障研判→通知用户→现场抢修”的主动抢修体系，与杭州公司配网自动化应用成果高度衔接。

（1）实现低压故障停电事件精准、迅速主动上报；结合计划停电、日常检修公变信息以及电网设备拓扑关系，利用大数据分析、营配贯通成果，提供故障定位分析与研判基础数据。

（2）实现 PMS2.0 主动抢修模块对电能表低压数据的应用，在 PMS2.0 系统中集成低压停电事件异常监控、分析研判、故障定位、工单派发功能，结合低压地理拓扑信息可视化展示低压故障用户、故障范围、故障位置等信息。

（3）有效推动在供电服务指挥平台可视化展示配电网的停电影响范围、影响用户等信息，实现故障抢修工单智能派发和 95598 停电信息及用户短信主动通知，完善故障抢修的“伴随”服务体系。

3. 功能要求

（1）终端停上电事件的准确研判。建立停电事件研判模型，对终端和电能表在终端侧、主站侧的停电事件信息、装接关系及白名单库等相关数据进行大数据分析，研究停电研判基础触发条件，实现停电事件精准研判。

1）停电事件收集模型。首先根据现场设备类型建立停电事件上报触发条件，并设定上传路径。其次根据台区下通信最优表机制，采用广播上传、单向通信、系统间数据共享、移动作业终端现场采集、单点录入等路径建立数据收集模型。

2）漏报、误报、延时数据补召机制。研究合理的召测机制和大数据分析模型，通过表计掉电记录的召测补全机制和大数据算法分析工具，开展终端停电事件漏报、误报和延时报分析，提升台区侧停电数据上报完整性。

3）停上电事件数据清洗模型。根据停上电事件收集和补召情况，结合主站侧终端和电能表装接关系、台区总表与采集终端的档案关系、区域和采集终端的从属关系、营销计划工作、95598 系统停电计划等信息，研究终端停上电事件数据清洗模型，剔除频繁上报、重复上报、逻辑矛盾等异常事件，实现停上电事件的精准研判。

（2）终端停上电事件二次研判。

1）研究停上电事件二次研判模型。主站侧根据前期收集的信息对上报的停电事件进行数据校核，结合台区总表、采集终端、户表透抄的实时数据，研究停上电事件二次研判模型，形成停电事件确认结果，提升停上电事件判断精准性。

2）研究停电区域研判算法。基于用电信息采集系统停电事件，结合计划停电、业扩施工、周期轮换等系统信息，利用台区相位识别、台区拓扑关系智能识别技术，分析停电事件及相关数据关联关系，建立停电综合研判模型，进行上级电源追溯，实现单户、楼道、低压分支线、台区等停电区域的研判。

（3）实现与多业务应用系统数据结构的信息系统交互模型设计。

1）用电信息采集系统与供电服务指挥平台、95598 业务支持系统等业务应用系统间的信息交互特性。开展基于用电信息采集系统与供电指挥平台、95598 业务支持系统等外围系统应用现状和潜在需求的调研；分析低压配电网抢修数据汇集过程涉及的信息交互内容、交互频率、交互方式、技术路线等特点；进一步明确抽象业务需求特征，完善业务需求的信息交互模式，开展支撑低压配电网故障快速抢修信息交互特性技术研究。

2）面向多业务应用系统数据结构的信息交互模型。分析用电信息采集系统原信息交互模型结构，归纳总结在新业务数据需求下原信息交互模型的不足之处；基于用电信息采集系统与供电服务指挥平台、95598 业务支持系统等业务应用系统间的信息交互特性的研究成果，结合停电事件关联关系故障库及用户停电事件综合研判模型，设计支撑低压配电网故障抢修业务的信息交互数据结构及构建统一、规范的信息交互模型。

3）用电信息采集系统与其他业务应用系统间的信息交互与共享技术，构建数据接口设计方案。分析用电信息采集系统与其他业务系统间的接口交互方式、接口协议、交互模型，研究接口服务在支撑配电网故障抢修业务上的技术要求；基于用户停电事件综合研判模型，开展数据综合研判算法设计；分析综合研判结果信息特性，开展信息持久化研究，制定满足业务数据特性的信息存储处理最优方案；结合信息交互模型研究成果，研究支撑低压配电网故障抢修业务的信息实时共享技术方案。

（三）建设成效

（1）构建用电信息采集系统与供电服务指挥平台、95598 业务支持系统等业务应用系统的信息交互模型，提出接口设计方案。

（2）提交《面向供电服务指挥平台、95598 业务支持系统等业务应用系统的信息交互与共享技术研究报告》。

（3）构建了“发现故障→故障研判→通知用户→现场抢修”的主动抢修体系，与配电网自动化应用成果高度衔接，实现低压故障停电事件精准、迅速主动上报；结合计划停电、日常检修公用变压器信息以及电网设备拓扑关系，利用大数据分析、营配贯通成果，提供故障定位分析与研判基础数据。

（4）实现 PMS2.0 主动抢修模块对电能表低压数据的应用，在 PMS2.0 系统中集成低压停电事件异常监控、分析研判、故障定位、工单派发功能，结合低压地理拓扑信息可视化展示低压故障用户、故障范围、故障位置等信息。

（5）有效推动在供电服务指挥平台可视化展示配电网的停电影响范围、影响用户等信息，实现故障抢修工单智能派发和 95598 停电信息及用户短信主动通知，完善故障抢修的“伴随”服务体系。

（6）通过用户侧停电主动抢修工作的开展，实现停电区域精准定位，提升停电主动抢修工作效率，缓解应急抢修资源紧张。缩短抢修响应时间，降低客户停电感知时长，提升客户用电满意度。

二、故障停电通知到户

充分利用营配贯通成果，借助现有信息化系统在宁波地区试点开展计划停电信息精准通知到户工作，在实施过程中同步推进营销客户基础数据治理，稳步提高停电通知到户准确率和用户感知。

（一）实施方案

1. 建设目标

以故障停电信息通知到户为抓手推进配电物联网建设，即通过故障停电通知到户为标志的数据智能化应用，驱动配电网多业务协作；同时通过营配数据维护、二次设备运维、故障主动抢修等业务的深度协作推动数据智能应用的快速扩张，两者循环往复，推动配电物联网双螺旋发展，形成具备世界一流水平的故障处理主动服务体系。

2. 建设内容

（1）基于“3 × 3+1”措施。围绕可靠供电、服务优质、管控到位三条主线和一项停电主动服务评价，着力解决客户停电服务问题，全面推进故障停电通知到户，统筹完善故障处理主动服务体系，加快配电物联网建设。“3 × 3+1”是指从管理措施、技术措施、服务措施 3 个维度入手，分别抓好统一思想认识、理顺工作机制、建设坚强队伍 3 个环节，确保管理到位；夯实故障主动研判、停电精准分析、系统功能应用 3 项基础，确保技术到位。

（2）基于 3 个方面保障。加强业务横向协同、渠道上下沟通、客户双向交互 3 个方面来确保供电服务到位；在此基础上，以客户停电体验为中心，以停电主动通知、故障主动抢修、频繁停电治理为主要内容，开展 1 项常态化评价，来切实检验配电网停电数据智能化应用的成效，逐步打造数据智能应用与业务深度协同相互促进的故障处理主动服务体系。

（二）建设标准

围绕着数据智能应用和业务协同相互促进的工作目标，“3 × 3+1”举措从管理措施、技术措施、服务措施 3 个维度入手，每个维度细化为 3 个具体支撑，最终汇集形成 1 项停电主动服务评价。

1. 管理支撑

（1）和心合力，统一思想认识。在市公司层面，供电指挥中心联系运检部、营销部多次讨论，就实施方案达成高度一致，并将相应指标纳入公司组织绩效进行考核；在县公司层面，组织召开由下属各单位运检、营销和供电指挥分中心主任参加的故障停电通知到户宣贯推进会，工作具体要求传达至供电所，确保市县所上下同心、专业间紧密合作。

（2）率先实践，理顺工作机制。为做好故障停电主动通知到户这一全新业务，县公司先行先试、不断总结，在实践中寻找最优模式，再予以全市推广，形成闭环的 PDCA 工作机制。具体如下：由供电所运行班组开展营配数据维护和二次设备运维，对研判和分析准确性负责（P）；由市县两级抢修指挥班开展系统主动研判故障确认和短信发送，对工作具体落实负责（D）；市县两级配电网监测班开展故障后评估，对研判问题、系统功能问题的跟踪处理负责（C）；市县两级供电指挥中心在运检部指导下建立完善的通报评价体系，层层落实工作内容，对工作进展负责（A）。

（3）一专多能，建设坚强队伍。故障停电通知到户是涉及营配调三个专业的综合性工作，须特别注重复合型人才的培养。一是开展专题培训，向全体抢修人员介绍配电网智能终端原理、停电召测方式、短信发送规范，提升故障确认准确性和系统操作规范性。二是探索工作轮岗，包括抢修指挥班向配电网指挥长跟班学习、配电网监测班参与自动化运维等，提升业务综合素质。三是在县级分中心选派供电所有实际抢修经验的人才充实到抢修指挥班值长岗位，激励内部形成“比学赶帮超”的良性氛围。

2. 技术支撑

（1）提升四区设备管理，夯实故障研判基础。在故障停电通知到户推进会上，由运检部宣贯四区自动化设备管理提升方案。从设备选点安装、定值整定配置、备品备件管理、拆除设备管理等方面着手，提升四区配电自动化设备选点合理性、覆盖完整性、安装准确性和定值可靠性，确保设备有效利用、动作情况正确分析和设备缺陷及时处理，提升四区故障综合研判结果准确性。

（2）以业务应用促数据提升，夯实精准分析基础。一是依托已全面覆盖的计划停电通知到户业务开展，依次轮动检验计划停电所涉及线路的“站—线—变—户”准确性和客户档案信息有效性，实现营配数据循环提升；二是依托供电服务指挥中心“后评估”模块业务开展，对计划停电和故障停电中系统发现的终端信号不正常数据逐个核查，利用好系统“啄木鸟”治理终端问题和拓扑对应问题。

（3）积极配合功能完善，夯实系统应用基础。积极向省公司提出系统功能需求，包括故障停电“三段式”短信模板，对重要敏感用户、多户号同一联系人用户等不同用户的发送策略等，受到省公司采纳并已开发部署。积极参与故障停电短信模块功能测试，验证和提交了营销系统用户变更后供服系统故障综合研判模块同步问题、故障综合研判部分记录停电影响用户为空问题、故障研判及短信发送延迟严重问题等。

（三）建设成效

1. 用电体验提升转变可感知，服务到位见成效

（1）横向加强业务协同，提供"一揽子"解决服务。

1）协同开展主动抢修，为客户提供停电完整解决方案。停电主动通知只是服务的开端，通过数据驱动协同开展主动抢修、缩短故障修复时长，才是服务的完成。实施过程中重视主动抢修与主动通知的协同开展，主动抢修派单率、主动抢修闭环率始终保持在 95% 以上，切实提升抢修成效。

2）协同开展频繁停电治理，用数据支撑跨业务问题治理。在频繁停电台区多发的供电所和网格，除了强化线路日常运维，着重加强抢修时长的严格管控、提醒超长工单，尽可能弥补停电给用户带来的不便。

（2）纵向加强上下沟通，确保用户体验一致。①积极向国网客户服务中心南方分中心和省客服中心报备故障停电主动通知的相关事项；②在向用户发送故障停电短信的同时，均向南中心完成停电信息上报，确保用户在 95598、网上国网 App、门户网站等渠道获知的停电信息一致。

（3）探索客户信息交互渠道，实现体验升级。在现有短信通知渠道外，宁波公司在省公司指导下积极探索微信渠道下故障处理模式的升级。一方面，通过微信的信息交互，全面收集客户是否真实停电的反馈，进一步支撑故障研判和分析功能完善、支撑基础数据提升；另一方面，通过向客户提供一键报修和抢修轨迹实时展示，全面提升用户报修体验和抢修过程在线管控能力。

2. 检验数据智能化应用成效

建立完善的故障处理主动服务评价机制。形成"事发主动通知、事中主动抢修、事后落实治理"的故障处理全过程管控流程，将短信通知、主动抢修、频繁停电治理等业务开展纳入公司组织绩效考评。对故障研判不准、停电通知不及时、营配数据不一致、客户信息有误等问题建立跟踪处理机制，一旦触及由市公司工作小组开展专项督办整改，并定期向县市负责人通报进展情况。通过考核和通报的常态化机制，确保工作扎实推进，形成数据应用促进业务协同、业务协同进一步完善数据应用的良性局面。

第四节　设备运维服务

一、智慧电务服务

为提升营商环境，加强服务质量，推动大数据体系建立，依托能源互联网大数据平台，针对小微园企业，推出包含电管家、光伏、充电桩等在内的智慧电务服务。

（一）工作背景与目标

1. 工作背景

提升优质服务水平，全面优化电力营商环境，大力发展综合能源服务，开展智慧电务工作，符合省钱、省心、绿色的“好电”理念。

2. 工作目标

（1）服务好用户用电。

（2）结合业扩工程进行推广，在受理业扩工程施工业务时，向用户宣传智能运维业务，设计阶段将智能运维涵盖进去，工程施工中同步安装电管家设备，如图 6–7 所示，推行电管家服务，并免除首年运维费用。

图 6–7　预装电管家设备

（二）具体做法

对于智慧电务这个新业务，需要把握两个层面：一是把握属地特色、一线情况；二是把握工作形势与上级政策。一方面在运维中心一线职工的层面要形成经常讨 1 论沟通，把握一线动向的机制；另一方面，在领导班子层面，要形成多做研读、把握政策与导向的氛围。

1. 提高工作站位，凝聚各方力量

主动对接政府及相关部门，推动发布相关文件，与用户拟定战略框架协议，造好势头、打响品牌。

2. 提升用户黏性，导向可持续发展

开展“共享电工 +”业务：电工是与客户直接接触的人员，更是智慧电务与客户之间的重要“代言人”与“流量入口”。尤其在业务开展的初期，可通过驻守现场的电工，让客户

感知优质服务，同时通过电工与用户建立起的信任关系，进一步了解用户的潜在需求。

具体部署：①设置专属服务热线，派遣驻点电工，赢得客户口碑；②统一品牌、流程、着装、行为规范等服务标准；③明确维修、咨询、沟通等具体服务内容，挂钩抢修业务，通过“维修服务不收取人工费、提升维修序列优先度”等优惠形式，缩短抢修响应时限；④开展电力咨询业务，主动向客户提供咨询服务，获取市场信息及业务需求，增加客户和昌泰公司的业务黏性，成为智慧电务的另一重要“流量入口”。

（三）实施成效

（1）运用“大云物移”等物联技术，全面接入客户侧配电设备状态、实时用能、环境监测、安防监测、视频监控、设备台账等数据，实现对客户用能状况的全面监控，并为客户提供用能分析、电力运维、安全用电等服务，满足客户安全、可靠、高效、优质、经济用能需求而提供的专业解决方案。

（2）传统的电力服务到供电企业和客户的产权分界点处，客户的配电和用电设备作为客户资产，由客户自行操作运维。由于缺乏相应专业能力，客户在自行操作运维中存在运维不专业、运行无保障、监测缺手段等问题。实施智慧电务服务后可解决此类问题，提供涵盖设备代运维、能效监测、节能降耗等内容的服务模式。

二、移动作业终端应用

供电所利用数智供电所管理平台，落地“业务工单化”管控，积极推行移动作业终端的深化应用，提升工单处理效率，加强工单处理过程管控，加快现场响应速度，减轻台区经理工作负担，全面提升客户的用电体验感。

（一）工作背景与目标

1. 工作背景

某供电所下属低压供电服务班辖区为青山湖街道，共有公用变压器600余台、低压用户4.3万户。作为基层供电所，在业务管理中一直存在两大痛点。一是信息渠道不畅通。台区经理在现场工作时，无法及时查询系统中的设备或客户信息，需要内勤人员协助查询，存在环节增多、效率降低等问题。同时不能实时解决客户诉求，与不断提高的供电服务要求大相径庭。二是工作监督缺乏有效途径。台区经理常规工单与指标较为繁杂，一般主要由台区经理自己在业务系统中查看工作任务，或由综合监控室统一派发异常工单，存在模式不统一、布置任务手段单一、派发环节多容易遗漏等问题，造成很多工作反馈率不高，工作进展不能实时掌握，缺乏有效的监控和管控途径。

2. 工作目标

（1）业务处理更加高效。通过系统派单和终端接收的方式，简化了任务派发模式，畅通了反馈渠道，减少了工单派发与反馈过程中人为因素的干扰。同时利用终端越来越丰富的查询功能，实时了解设备信息，节省往返时间，有效提升现场作业效率。

（2）工作监督更加全面。通过移动作业终端的全面应用，监控人员通过系统及时监控各类工单、现场作业完成情况，强化了业务的闭环管控。班组长通过现场定位、照片回传等应用功能，实时了解现场工作开展情况，有助于强化工作质量管控力度，全面掌握班组各项任务推进情况。

（3）客户服务更加满意。通过移动作业终端在现场服务中的应用，为客户及时处理电费电量信息查询、客户基础信息修改、密码重置等需求，及时解决客户合理诉求，提高服务响应速度，有效提升用户体验。

（二）具体做法

1. 积极开展移动作业终端应用培训

青山供电所针对新上线的微应用功能，对所有低压台区经理开展培训。重点开展了工单处理、数据查询和缺陷上报三个功能模块的培训与应用。为保证每位台区经理都能学会并正确使用移动作业终端，培训分为三个阶段。第一阶段，全所组织统一培训，培训主题为数供平台和移动作业终端微应用的总体功能介绍。培训主要目的是让每一位台区经理对数供平台中工单的来源、移动作业终端的现场功能应用、业务工单积分计算以及积分对绩效的影响等有一个全面深入的了解。第二阶段，培训主题为移动作业终端操作和使用，目的是让每一位台区经理掌握移动作业终端的具体操作和使用。培训中也是打破了常规的“老带青”的传统思路，而是让年轻职工先学先用，然后再逐一去教会班组里的老师傅，在最短时间内让每一位台区经理都能熟练掌握移动作业终端的各项应用。第三阶段，开展不同主题的针对性培训。收集日常工单处理过程中遇到的各类问题，对于共性的、多人存在的问题，如上传的照片不符合要求或回单填写错误等问题，由年轻职工来担任讲师，开展集中性答疑培训。

2. 认真落实移动作业终端应用功能

首先由低压班班长负责根据月度工作计划，提前制定下周工作任务，每周五下班前将工作任务导入数供平台，并发送至各台区经理的移动作业终端。接着台区经理通过各自的移动作业终端，提前了解次日的具体工作安排，做好工作前准备，包括工作内容、时间地点及工作负责人等详细信息。然后台区经理按时开展现场工作，通过移动作业终端将工作定位、现场开工信息、完工照片等及时上传反馈回数供系统。同时监控人员可通过反馈情况及任务要求，对各类工单进行预警提醒、催办和督办，督促台区经理按时保质的完成各项工作，并将业务进展情况汇总形成日报、周报提交班长和分管所长。

3. 全面提升移动作业终端应用质量

首先由监控人员负责对照系统自动生成的台区经理积分，结合每日工作进展、工作质量反馈等信息，进行再次核对和确认。然后由班组长及时告知、提醒积分相对落后的台区经理，督促其按要求完成工作。最后在每月月初，由所长、班组长等组成的绩效考核团队，认真总结分析上月的各项工作任务完成、各项指标提升等情况，对台区经理的积分进行通报，按照绩效管理办法，将工作质量兑现到绩效考核中。同时对落后严重的职工进行约谈，了解工作和生活情况，解决存在问题，提高全所的工作质量。

（三）实施成效

（1）工作效率明显提升。移动作业终端依托数供平台，将系统与终端设备建立关联，现场作业人员通过终端能实时、实地的将设备和工作信息与专业化系统形成互动，不再拘泥于传统的 PC 业务处理模式，工作方式更加多样，工作效率明显提升。

（2）工作质量全面提升。通过应用数供平台，对各类工单开展集中管控、闭环管理，工单处理进度可控、在控，工单处理质量及时评价、反馈，台区经理工作质量全面提升。

（3）客户体验显著提高。终端上各类应用提供的客户信息查询、密码修改、资料更新等，为客户经理现场服务提供较好支撑，推进“一次都不跑”服务模式，获得客户广泛好评，全面提高客户体验感。